E. R. Trautvetter

Grundriss einer Geschichte der Botanik in Bezug auf Russland

E. R. Trautvetter

Grundriss einer Geschichte der Botanik in Bezug auf Russland

ISBN/EAN: 9783955622558

Auflage: 1

Erscheinungsjahr: 2013

Erscheinungsort: Bremen, Deutschland

GRUNDRISS

EINER

GESCHICHTE DER BOTANIK

IN BEZUG AUF RUSSLAND

VON

Dr. E. R. TRAUTVETTER,

Direktorgehülfen am Kaiserlichen botanischen Garten
zu St. Petersburg.

ST. PETERSBURG 1837.

Aus der Druckerei der Kaiserl. Akademie der Wissenschaften.

Inhalt.

Seite

A. Uebersicht sowohl der grösseren Reisen, als auch
der kleineren Ausflüge (Exkursionen), welche
in besonderer Beziehung zur Flor oder zu den
Botanikern Russlands stehen . .   4

   I. Reisen um die Welt .   4

  II. Untersuchungen der Flor derjenigen russischen Besitzungen, welche östlich vom
Ural (Gebirge und Fluss) liegen. .   . 9

 III. Untersuchungen der Flor des Kaukasus und
der transkaukasischen Länder.   24

 IV. Untersuchung der Flor des westlichen europäischen Russlands 34

  V. Untersuchungen der Flor des mittlern und
südlichen europäischen Russlands   35

 VI. Untersuchungen der Flor des nördlichen
europäischen Russlands 41

 VII. Untersuchungen der Flor fremder (nicht
russischer) Länder durch russische Botaniker . , ... 46

B. Wissenschaftliche Vereine Russlands, welche
die Botanik förderten 49

C. Grössere Gärten Russlands, welche die Botanik
förderten 51

D. Schriften botanischen Inhalts, welche in Beziehung zur Flor oder zu den Botanikern Russlands
stehen . . .   55

Seite

I. Schriften, welche die Flor des ganzen russischen Kaiserreichs berücksichtigen ... 55

II. Schriften, welche über die Flor Sibiriens und der russischen Nordwestküste Amerika's handeln.. 57

III. Schriften, welche über die Flor des Kaukasus und der transkaukasischen Länder handeln 62

IV. Schriften, welche über die Flor des westlichen Russlands handeln 65

V. Schriften, welche über die Flor des mittlern und südlichen Russlands handeln .. 67

VI. Schriften, welche über die Flor des nördlichen Russlands handeln 70

VII. Schriften russischer Botaniker, welche über die Flor fremder Länder handeln.... 75

VIII. Schriften russischer Botaniker, in denen Pflanzen beschrieben werden, ohne Bezug auf eine besondere Flor . 79

IX. Schriften, welche über Pflanzensammlungen handeln 93

X. Schriften, welche über fossile Gewächse handeln 99

XI. Schriften, welche über das Leben und über den Bau der Gewächse handeln 100

XII. Schriften, welche über Phytochemie handeln 106

XIII. Schriften über medicinische und ökonomische Botanik.............. 110

XIV. Schriften, welche über Forstbotanik handeln 114

XV. Schriften, welche über Pflanzenzucht handeln . 115

Seite

XVI. Schriften, welche über die Anfangsgründe der Botanik handeln 121

XVII. Schriften über botanische Systematik . 125

XVIII. Schriften, welche über den Nutzen der Botanik handeln 127

XIX. Schriften, welche über die Geschichte der Botanik handeln 128

XX. Periodische Schriften, welche auch über Botanik handeln 130

Zusätze 133

Verzeichniss der Reisenden, Schriftsteller u. s. w. 137

Jeder mit dem Wesen der Botanik Vertraute weiss,
dass ihr im Allgemeinen, besonders aber dem sy-
stematischen, beschreibenden Theile derselben, nur
Verwirrung und Nachtheil erwächst aus Arbeiten,
welche abgefasst werden ohne eine möglichst vollständige Kenntniss der Leistungen älterer Bearbeiter derselben Gegenstände. Bei der grossen Masse
der schon gelieferten botanischen Arbeiten ist es
daher Bedürfniss, ein Verzeichniss derselben zu besitzen, indem nur allein eine vollständige Bibliothek,
wie Privatleute dieselbe nie haben, und eine Ver-
trautheit mit derselben, welche nur bei ältern Ge-
lehrten gesucht werden kann, dieses Verzeichniss
entbehrlich machen. Schon Linné war hievon
überzeugt, und wandte Mühe und kostbare Zeit
an Abfassung einer Bibliotheca botanica. Ein
Haller, ein Sprengel und Andere erwarben sich
durch ähnliche Arbeiten grosse, allgemein aner-
kannte Verdienste! In Erwägung erwähnter Um-
stände nun dürfte jede Arbeit willkommen sein,
welche die ältern Verzeichnisse botanischer Schriften vervollständigt durch Nachtragung der neuen

1

Erscheinungen in der botanischen Literatur, oder durch Hinweisung auf ältere, bisher übersehene. Wenn also dergleichen Arbeiten verdienstlich sind, so darf ich um so mehr hoffen, dass gerade vorliegende Blätter der Beachtung nicht ganz unwerth sein dürften, da sie über die botanische Literatur Russlands handeln, welche bisher nur von Wenigen in ihrem ganzen Umfange gekannt, von Niemandem aber in ihrem ganzen Umfange der botanischen Welt vorgeführt worden.

In allen Lehrbüchern der Botanik, — in allen Schriften über die Geschichte der Botanik ist Russland's nur beiläufig und höchst stiefmütterlich gedacht; — die Notizen über die botanische Literatur Russland's, welche Pallas, Georgi und Hoffmann (letzterer in einer gedruckten Rede) gaben, sind eines Theils jetzt schon sehr alt, andern Theils aber auch für jene Zeit, in welcher sie erschienen, nicht vollständig; — die Rede des Herrn Staatsraths v. Bongard endlich, welche in dem Recueil des actes de la séance publique de l'Académie Impér. des sc. de St. Pétersb., tenue le 29 déc. 1834, p. 83 — 108 abgedruckt worden, entwirft, ihrem Zwecke vollkommen entsprechend, mit lebhaften Farben, aber nur mit flüchtigem Pinsel ein Bild von Russlands Regsamkeit im Felde der Botanik: demnach schien es uns, nicht allein, als sei eine besondere Bibliotheca botanica in Bezug auf Russland wünschenswerth,

sondern auch, als sei selbst ein Commentar zu dieser Bibliotheca — d. h. eine Darstellung alles
dessen, was auf die botanische Literatur und auf
die Botaniker Russlands Bezug hat - noch durch-
aus nicht überflüssig. Daher liess ich es mir an-
gelegen sein, ein Verzeichniss der in oder über
Russland verfassten Schriften botanischen Inhalts
anzufertigen, und in den Bibliotheken, zu denen
ich Zutritt habe, dasselbige. zu berichtigen und zu
vervollständigen. Zugleich aber sah ich die Reise-
berichte russischer Botaniker, oder fremder Botaniker, wenn diese in Russland reisten, sorgfältig
durch, um die Wege angeben zu können, welche
sie nahmen; ferner sammelte ich alles, was an
Nachrichten über das Leben russischer Botaniker
hie und da mir aufstiess; — und endlich benutzte
ich auch treulich, was ich über alle diese Gegenstände im Laufe der Zeit durch mündliche oder
briefliche Mittheilung in Erfahrung gebracht habe.
So entstand allmählig ein Werkchen, das vielleicht
geschickt sein dürfte, den Anfänger ohne grossen
Zeitverlust, ohne reiche Bibliothek und ohne andere
Hülfsmittel einheimisch zu machen in der Geschichte
der Botanik, so weit sie zu Russland in besonderer
Beziehung steht, — das vielleicht selbst dem ältern
Botaniker zum Nachschlagen dienlich sein dürfte.
Dieses aber in seiner Ausführlichkeit dem botani-
schen Publikum vorzulegen wage ich noch nicht;
vielmehr halte ich es für erspriesslicher, einstwei-

len nur in möglichster Kürze darüber zu berichten, was ich zusammengebracht habe. Ich hoffe nehmlich, dass Männer von mehr Erfahrung, als mir zu Theil wurde, diese flüchtige Skize einer Durchsicht würdigen, und mich auf die Lücken derselben aufmerksam machen werden. Erst dann, sobald ich sicher bin, nichts Wesentliches übergangen zu haben, glaube ich, die umfassendere Arbeit bekannt machen zu dürfen.

Nun zur Sache!

A. Uebersicht sowohl der grösseren Reisen, als auch der kleineren Ausflüge (Exkursionen), welche in besonderer Beziehung zur Flor oder zu den Botanikern Russlands stehen.

I. *Reisen um die Welt.*

1) Georg Forster, später Professor der Naturgeschichte und Botanik zu Wilna, reiste 1772—1775 auf der Resolution, geführt vom Capitain James Cook, um die Welt, ohne jedoch auf dieser Reise russische Besitzungen zu berühren. Das gesammelte botanische Material bearbeiteten die beiden Forster, Vater und Sohn. Ueber die Reise vergl.: J. R. Forsters Reise um die Welt während

den Jahren 1772—1775 etc. beschrieben und herausgegeben von dessen Sohne und Reisegefährten G. Forster. Vom Verf. aus dem Englischen übersetzt. etc. 2 Bde. Berlin 1778 und 1780. (vidi)

2) Ein gewisser Nelson begleitete als Kräutersammler den Capitain James Cook während dessen dritter Reise (1780 — 1782), und berührte damals die nordöstlichen Besitzungen Russlands. Die etwa gemachten botanischen Sammlungen sind in keinem abgesonderten Werke beschrieben worden, über die Reise selbst aber vergl.: James Cook dritte Entdeckungsreise in der Südsee und gegen den Nordpol etc. Aus dem Englischen von Forster. 2 Bde. Berlin 1788.

3) 1803—1806 führte A. J. von Krusenstern die Nadeshda und Newa um die Welt, begleitet von den Naturforschern W. G. Tilesius, Brinkin und G. H. von Langsdorff, welche unter Anderem auch Kamtschatka und (Langsdorff) die russische Nordwestküste von America untersuchten. Das gesammelte botanische Material fand Bearbeiter in Tilesius, Langsdorff und F. E. L. von Fischer. Ueber die Reise selbst vergl.: 1) Reise um die Welt, ausgeführt in den Jahren 1803—1806 auf Befehl Sr. Kays. Majestät Alexander I auf den Schiffen Nadeshda und Newa unter Kommando des Kapitains von der Kayserl. Marine A. J. von Krusenstern. 3 Bde.

St. Petersburg 1810—1812 (vidi); in's Französische übersetzt von Eyries, Paris 1821, 2 Bde.; in's Holländische, Harlem 1811 und 1815, 2 Bde.; in's Englische von Hoppner, London 1813, 2 Bde.; und 2) G. H. von Langsdorffs Bemerkungen auf einer Reise um die Welt in den Jahren 1803—1807. 2 Bde. Frankf. 1812—1813. (vidi).

4) In den Jahren 1815 — 1818 seegelte der Rurik unter Kapitain Otto von Kotzebue um die Welt mit den Naturforschern Ad. von Chamisso, J. Fr. Eschscholtz und v. Wormskiold. Diese untersuchten unter Anderem auch Kamtschatka, Unalaschka, die Behringsstrasse und das russische, nordwestliche Amerika. Die gesammelten botanischen Schätze bearbeiteten von Chamisso, von Schlechtendal, von Ledebour, C. A. Meyer, von Bunge, Lessing, Gingins, Bentham, Vogel, Schiede, Kaulfuss und der Verfasser dieser Blätter. Ueber die Reise selbst vergl.: Entdeckungsreise in die Südsee und nach der Behringsstrasse zur Erforschung einer nordöstlichen Durchfahrt unternommen in den Jahren 1815 — 1818 etc. unter dem Befehle des Lieutenants der Russ. Kaiserl. Marine Otto von Kotzebue. 3 Bde. Weimar, 1821. (vidi).

5) 1823 — 1826 führte Otto von Kotzebue die Predpriatie um die Welt. Als Zoolog und Botaniker ging J. Fr. Eschscholtz mit, und dieser un-

tersuchte unter Anderem abermals Kamtschatka, ferner Sitka und die russische Kolonie Ross in Kalifornien. Das von Eschscholtz gesammelte botanische Material bearbeiteten Eschscholtz, von Ledebour, der Verf. dieser Zeilen und Andere. Die Reise ist beschrieben in dem Werke: Neue Reise um die Welt in den Jahren 1823 — 1826. Von Otto von Kotzebue. 2 Bde. Weimar, 1830. (vidi).

6) Während der Jahre 1826 — 1829 vollführten eine Reise um die Welt die Schiffe Seniavin und Moller unter den Kapitainen Lütke und Staniukowitsch. Als Naturforscher begleiteten den Seniavin H. Mertens und Alex. Postels. Sie untersuchten unter Anderem Sitka, Unalaschka, Kamtschatka, Arakamtchetchen, Bay St. Croix, die Insel Koraginsk. Die gesammelten Pflanzen beschrieben H. Mertens, Mertens d. Vater, von Trinius, von Bongard und Postels. Ueber die Reise vergl.: Voyage autour du monde, exécuté par ordre de Sa Majesté l'Empereur Nicolas I, sur la corvette le Séniavine, dans les années 1826 — 1829, par Frédéric Lutké. Partie historique etc. Traduit du russe etc. par G. Boyé. Paris 1835 — 1836. (vidi). Auf der Korvette „Moller" befand sich als Botaniker Dr. Kastalsky; er besuchte Kamtschatka, Unalaschka, Nowo-Archangelsk und Aliaska. Die Pflanzen, welche Kastalsky sammelte, findet man im Herbarium

der Kais. Akademie der Wissenschaften zu St. Petersburg etc. Einige Nachrichten über diese Fahrt des „Moller" findet man in der oben angeführten Reisebeschreibung von Lütke.

7) In den Jahren 1825 — 1828 führte Kapitain Beechey den Blossom um die Welt. Auf dieser Expedition sammelten die Naturproduckte der Naturforscher T. Lay und der Marine-Officier Alex. Collie, unter Anderem auch in Kamtschatka und im Kotzebue-Sunde. Die Pflanzen wurden von Hooker und Arnott bearbeitet. Ueber die Reise ist zu vergleichen: Narrative of a voyage to the Pacific and Beering's strait, to co-operate with the Polar Expeditions: performed in his Majestys ship Blossom, under the command of Captain F. W. Beechey in the years 1825 — 1828. In two parts. London 1831. (vidi)

8) Adolf Erman reiste 1828 — 1830 auf anderem Wege um die Welt. Er begab sich von Berlin nach St. Petersburg, dann weiter über Moskau nach Jekatherinenburg, und ging durch Sibirien nach Kamtschatka, worauf er Sitka besuchte, und endlich um das Kap Horn nach Kronstadt seegelte. Die von ihm gesammelten Pflanzen bearbeitete von Chamisso. Ueber die Reise vergl.: Reise um die Erde durch Nord-Asien und die beiden Oceane in den Jahren 1828 — 1830 ausgeführt von Adolf Erman. In einer historischen und einer physikalischen Abthei-

lung dargestellt, und mit einem Atlas begleitet. Berlin 1833 — 1835. (vidi).

9) In den Jahren 1828 — 1830 seegelte der Kapit. Hagemeister auf einem russischen Schiffe um die Welt. Als Arzt begleitete ihn Peters, der indessen fleissig, unter Anderem auch in Kamtschatka, Pflanzen sammelte. Der Kaiserl. botan. Garten zu St. Petersburg ist im Besitz dieser Sammlung.

II. Untersuchungen der Flor derjenigen russischen Besitzungen, welche östlich vom Ural (Gebirge und Fluss) liegen.

Die oben angeführten Expeditionen, welche um die Welt seegelten, berührten fast alle Kamtschatka, das russische Nordwest - Amerika und die Inseln, welche im Norden zwischen Asien und Amerika dem russischen Scepter unterthan sind. Ausserdem aber untersuchten jene Länder und Sibirien noch folgende Naturforscher:

Daniel Gottlieb Messerschmidt. Er war derjenige, welcher die lange Reihe der Untersuchungen der Flor Sibiriens eröffnete. Nachdem er 1720 St. Petersburg verlassen hatte, sah er Tobolsk, Tara, Tomsk, Kusnezk, Sajansk, Abakansk, Krasnojarsk (am Jenisei), Jeniseisk, Mangasea, Kirensk, Irkuzk, Nertschinsk, den See Dalai. Zurück wandte sich Messerschmidt über Irkuzk, Jeniseisk, Tobolsk, Werchoturie, Solikamsk, Nischnei-Nowgorod, Moskau, und langte am 27. März 1727 wieder in St. Petersburg an. Ueber diese Reise vergl.: Nachricht von Dan. Gottl. Messerschmidts siebenjähriger Reise in Sibirien; in Pallas Neuen nord. Beiträgen III. p. 97 — 158. (vidi); und Lettre de Mr. Blumentrost à l'Académie des Sc. de Paris; in l'hist. de l'Acad. des Sc. de Paris 1720 ed. Holl. p. 173 — 174. — Messerschmidt's gegenwärtig nicht mehr vorhandene botanische Sammlungen und schriftliche botanische Notizen benutzten Amman und J. G. Gmelin.

Joh. Gottfr. Heinzelmann. Er untersuchte um's Jahr 1735 die Gegend um Orenburg und die Steppe der Kirgisen. Seine gegenwärtig nicht mehr vorhandene Manuscripte und botanische Sammlungen benutzten Siegesbeck und Amman.

Joh. Georg Gmelin. Er verliess im August 1733 St. Petersburg, und besuchte in der Folge Twer, Kasan, Katharinenburg, Tobolsk, Omsk, die Kolywanschen Hütten, Tomsk, Jeniseisk, Irkuzk, Nertschinsk, Jakuzk. Zurück wandte sich Gmelin über Kirensk, Irkuzk, Jeniseisk, Mangasea, Krasnojarsk, Tomsk, Tobolsk, Werch-Uralsk, Katharinenburg, Werchoturie, Solikamsk, Ustjug-Weliki, und langte am 15. Febr. 1743 wieder in St. Petersburg an. Ueber diese Reise vergl.: Dr. J. G. Gmelins etc. Reise durch Sibirien in den Jahren 1733 — 1743, Göttingen 1751 — 1752 (vidi). Die gesammelten Pflanzen hat J. G. Gmelin fast alle selbst bearbeitet; mit dem kleinen Rest derselben machte uns S. G. Gmelin bekannt.

Stephan Krascheninnikow. Er begleitete J. G. Gmelin bis Jakuzk; hier aber verliess er ihn am 5. Julius 1737, und begab sich über Ochozk nach Kamtschatka, das er untersuchte. 1741 traf er wieder bei J. G. Gmelin ein, und kehrte mit diesem nach St. Petersburg zurück. Das Tagebuch seiner Reise machte Krascheninnikow nicht bekannt, wohl aber hat er einige Bemerkungen über die Flor Kamtschatka's etc. geliefert.

Alexander Philipp Martini. Er war ebenfalls ein Begleiter J. G. Gmelins, jedoch erst seit dem Jahre 1740. Er hinterliess eine Pflanzensammlung, die im Auslande vielleicht noch existirt.

Georg Wilhelm Steller verliess 1738 St. Petersburg, und ging über Moskau, Kasan, Tobolsk, Navrim, Jeniseisk, Irkuzk und Ochozk nach Kamtschatka. Von hieraus besuchte er das Kap Elias (Amerika), die Schumachins-und Behrings-Insel. Er kehrte endlich zurück über Kamtschatka, Ochozk, Jakuzk und Krasnojarsk nach Tobolsk, und starb zu Tjumen, als er auf dem Wege nach St. Petersburg war. Steller hinterliess zahlreiche Manuscripte über seine Reisen und über die gesammelten Pflanzen etc., welche Krascheninnikow, Pallas und Andere benutzten. Ueber einen Theil der Steller'schen Reisen sind zu vergleichen: Pallas Neue nord. Beiträge V. p. 129 — 236 und VI. p. 1 — 26 (vidi); oder: Steller's Reise von Kamtschatka nach Amerika mit dem Kommandeur-Kapitain Behring. St. Petersburg 1793. (vidi).

Peter Simon Pállas verliess St. Petersburg am 21. Jun. 1768, und besuchte in der Folge Moskau, Pensa, Simbirsk, das Uralische Gebirge, die Gegend am Jaik bis Guriew und die Steppe der Kirgisen. Er begab sich dann hinüber über den Ural nach Tobolsk, Omsk, dem altaischen Gebirge, Tomsk, Krasnojarsk (am Jenisei), Irkuzk, Selenginsk und Kiachta. Zurück wandte sich Pallas über Krasnojarsk, Tomsk, Tara und Uralsk. Er bereiste dann die Steppe zwischen dem Jaik und der Wolga, und die Gegend zu beiden Seiten der untern Wolga, und ging endlich über Tambow und Moskau nach St. Petersburg, woselbst er den 30. Julius 1774 anlangte. Ueber die gesammelten Pflanzen hat Pallas viele klassische Schriften edirt; über diese Reise selbst aber ist zu vergleichen: P. S. Pallas Reise durch verschiedene Provinzen des russischen Reichs. 3 Theile. St. Petersb. 1771—1776 (vidi). Dieser Bericht erschien auch in's Französiche übersetzt: P. S. Pallas, voyage, trad. de Gauthier de la Peyronée. Paris 1788—1793. 6 vols; und russisch: П. С. Палласа путешествïе по разнымъ провинцïямъ Россійской Имперіи. Часть 1 — 3. Петерб., wovon 2 Auflagen erschienen. (vidi).

Johann Peter Falk reiste am 5. Sept. 1768 von St. Petersburg ab nach Moskau, Pensa, Samara, Saratow, Ustmedwediza, Zarizyn, Astrachan, Uralsk, Orenburg, Tscheljäbinsk, Omsk, Barnaul, dem Altai, und zurück über Tomsk, Tara, Tobolsk, Jekatherinenburg nach Kasan. Von hier ging er über Astrachan und Kislar nach dem Petersbade, und starb den 13. Dec. 1773 zu Kasan, nachdem er in diesem Orte wieder eingetroffen war. Die Falk'schen Pflanzen und Handschriften bearbeitete Georgi. Ueber diese Reise vergl.: Herrn J. P. Falk Beiträge zur topographischen Kenntniss des russischen Reichs. St. Petersb. 1785 — 1786. (vidi).

Bardanes, ein Begleiter Falks, wurde von Letzterem 1771 in die Kirgisensteppe gesendet. Bardanes besuchte demnach von Troizk aus im May und Junius die Steppe bis zum Alginskischen Gebirge, worauf er sich über Omsk und Semipalatinsk in die Soongorische Kirgisensteppe bis zum Fluss Kokbukta begab, und sich dann endlich mit Falk wieder zu Tomsk vereinigte. Ueber diese Reise vergl.; Falks topograph. Beiträge.

Johann Gottlieb Georgi. Er verliess St. Petersburg am 3. Junius 1770, und ging über Moskau, Tambow, Nowochopersk, Zarizyn nach Astrachan, in dessen Nähe er Falk traf, mit dem er die Reise fortsetzte über Uralsk, Orenburg, Tscheljäbinsk, Omsk, Barnaul, den Altai, Tomsk. Von hieraus ging Georgi allein weiter nach Krasnojarsk und Irkuzk. Darauf umschiffte er fast den ganzen Baikalsee, besuchte dann Nertschinsk, den Fluss Argun, Kiachta, und kehrte zurück über Irkuzk, Krasnojarsk, Tomsk, Tobolsk, Katharinenburg, Kungur, Ufa, Orenburg, Jaizkoi Gorodok, Saratow nach Astrachan. Von hier ging Georgi nach Simbirsk, Nischnei-Nowgorod, Totma, Kostroma, Jaroslawl, Moskau und St. Petersburg, woselbst er den 10. Sept. 1774 anlangte. Mit seiner botanischen Ausbeute machte Georgi die Welt bekannt. Ueber seine Reise vergl.: Bemerkungen einer Reise im russischen Reich im Jahre 1772, von J. G. Georgi. 2 Bde. St. Petersb. 1775 (vidi), und: Falks topogr. Beiträge.

Basilius Sujew. Er war ein Begleiter des Akademikers Pallas, und reiste 1771 zur Mündung des Ob und zum Eismeer, im Jahre 1772 aber den Jenisei abwärts. Ueber diese Reisen und die während derselben gemachten Sammlungen berichtet Pallas in der Beschreibung seiner eig'nen Reise.

Rinder botanisirte um Orenburg und in der Steppe der Kirgisen. Falk und Pallas benutzten seine Ausbeute.

Ein Rytschkow sammelte die Pflanzen der Umgegend von Nertschinsk.

Wlassow botanisirte in Davurien. Von seinen

Pflanzen theilte er auch an Steven mit, welcher mehrere derselben beschrieb.

Peter Iwanowitsch Schangin. Er botanisirte im Altai, und theilte seine Pflanzen an Pallas mit. Ueber eine Schangin'sche Exkursion vom Jahre 1786 vergl.: Pallas Neue nord. Beiträge. VI. p. 27 — 118. (vidi)

Patrin botanisirte in der Barabasteppe, im Altai und in Davurien. Ueber einen Theil seiner botanischen Ausbeute giebt er Rechenschaft in einer noch existirenden Handschrift. Ueber zwei seiner Reisen haben wir Berichte in: Pallas Neue nord. Beiträge II. p. 365 — 373, und IV. p. 163 — 198. (vidi) Letzterer Bericht erschien auch abgesondert: Relation d'un voyage aux monts d'Altai en Sibérie, fait en 1781 par Patrin. St. Petersb. 1783. (vidi).

Joh. Sievers besuchte 1790 — 1795 die Grenzgebirge Sibiriens vom Ural bis Davurien, die kirgisische und soongorische Steppe, die Mongolei. Seine Sammlungen erhielt die medikochirurgische Akademie zu St. Petersburg, und Pallas, wie auch Georgi, benutzten sie. Carl Fuchs bestimmte die Sievers'schen Pflanzen für Georgi.

Erich Laxmann. Er ging 1780 nach Irkuzk, und botanisirte dann später (1786) am Baikal, (1788) im Kreise der Kargassen, (1789) an der Bielaja, (1792) um Ochozk, (1793) an der Mündung der Lena. Von seinen Pflanzen theilte er an Pallas mit, auch beschrieb Laxmann selbst mehrere. Für J. G. Georgi bearbeitete Karl Fuchs die Laxmann'-schen Sammlungen. Ueber Laxmann's Aufenthalt in Sibirien vergleiche dessen: Sibirische Briefe. 1769.

Merck und John Main besuchten seit 1786 von Irkuzk aus: Jakuzk, den Wilui, den Mayo, Zaschiwersk, die Kowyma von Werch-Kowymsk bis zur Mündung, die Gebirge von Meriakan, Ochozk, Peter- und Paulshafen, Tanaga, Unalaschka, die Schumagins-Inseln, Evdokew-Inseln, Kodjak, Prinz-Williams-Sund, Cap Rodney, Bay St. Laurent, und kehrten dann 1794 über Kamtschatka zurück nach St Petersburg. Die gesammelten Pflanzen bestimmte F. H. Rudolph und benutzte Georgi. Ueber die Reise vergl.: Voyage, fait par ordre de l'Impératrice de Russie Catharine II, dans le nord de la Russie asiatique, dans la mer glaciale etc. etc. depuis 1785 — 1794, par le Commodore Billings; redigé par M. Sauer, et trad. de l'Angl. par J. Castera. II. vols. Paris an X (1802). (vidi).

Reinhold von Behrens reiste nnd botanisirte im Altai. Hierüber ist zu vergl.: Bemerkungen über die letzte Hauptfestung der sibirischen Linie gegen die chinesisch-siungorische Wüste, welche Buchturma genannt wird; in Kaffka's Nord. Archiv 1804. Januar. p. 3.— 26.

Friedr. Gustav Helm reiste im Orenburgschen Distrikt, in der Steppe und im Permschen Ural. Später ging er mit der Gesandtschaft unter Golowkin über Irkuzk bis Urga, und bereiste darauf Davurien und den Altai. Er hat einige sibirische Pflanzen beschrieben, seine Sammlung aber ging durch den Brand von Moskau verloren.

Mohr reiste im Orenburg'schen Distrikt, in der Steppe, im Permschen Ural, und ging dann von Katharinenburg nach Nertschinsk.

Tauber reiste ebenfalls im Orenburgschen Distrikt, in der Steppe und im Permschen Ural.

A. M. Tauscher reiste von Moskau über Kasan nach Orenburg, Jelezk, Inderskoe Osero, Uralsk und Sarepta, worauf er nach Moskau zurückkehrte.

Mich. F. Adams ging erst über Irkuzk nach Urga, und bereiste dann 1805 — 1806 die Lena bis zu ihrer Mündung. Er hat mehrere sibirische Pflanzen beschrieben.

Redowski erreichte Urga über Irkuzk, und besuchte dann das Aldan'sche Gebirge, Udskoi Ostrog, Ochozk und Ischiginsk. woselbst er starb. Einen Theil der Redowskischen Pflanzen erhielt die Kayserl. Akademie der Wissenschaften zu St. Petersburg, und diesen benutzte Rudolph; einen andern Theil erhielt und bearbeitete von Chamisso.

Salessow botanisirte mit dem jüngern Schangin im Altai, an der Tschuja, und theilte seine Pflanzen vorzugsweise an Stephan mit, der auch mehrere derselben beschrieb.

Haupt botanisirte um Tobolsk und Irkuzk.

Kyber begleitete die Wrangel'sche Expedition nach Nischnei-Kolymsk, um Pflanzen zu sammeln u. s. w. Ueber diese Reise findet man Notizen in: Physikalische Beobachtungen des Kapitain-Lieutenants Baron von Wrangel während seiner Reise auf dem Eismeere in den Jahren 1821—1826. Herausgegeben und bearbeitet von G. F. Parrot. Berlin 1827. (vidi).

Joh. Friedr. Erdmann besuchte 1816 von Kasan aus: Wiätka, Perm, Kungur, Katharinenburg, Tjumen, Tobolsk. Hierüber vergl.: Reisen im Innern Russlands, angestellt von Dr. Joh. Fr. Erdmann. Leipzig 1825—26. 2 Bde. (vidi).

Pander reiste 1820 mit Baron G. von Meyendorff und E. Eversmann von Orenburg nach Buchara durch die Steppe, welche im Westen vom Aralsee liegt. Die von Pander gesammelten Pflanzen besitzt F. E. L. von Fischer. Ueber die Reise selbst vergl. 1) Voyage d'Orenbourg à Boukhara fait en 1820 etc. Rédigé par le Bar. G. de Meyendorff, et revu par A. Jaubert. Paris 1826; und 2) E. Eversmann Reise von Orenburg nach Buchara etc. Berlin 1823.

Carl Friedr. von Ledebour ging 1826 von Dorpat über Moskau, Kasan, Katharinenburg, Tobolsk, Omsk und Barnaul in den Altai. Er besuchte Loktewsk,

Schlangenberg, Kolywan, Riddersk, Ustkamenogorsk,
den Ursprung des Tscharysch, die Dörfer Tschetschulicha, Uimon und Abai, die Flüsse Sentelek, Inja,
Korowicha, Blagodarnaja, Kedrowka, kleine und
grosse Uba etc., die Syränowsche Grube, Werch-
Buchtarminsk, Fykalka und den chinesischen Grenz-
posten Tschingistei. Ueber Barnaul, Kainsk, Ischim,
Schadrinsk, Katharinenburg, Kasan und Moskau
kehrte von Ledebour 1827 zurück nach Dorpat.
Die botanische Ausbeute haben von Ledebour und
dessen Reisegefährten, einen sehr geringen Theil
aber von Trinius und der Verf. dieser Blätter bearbeitet. Ueber die Reise vergl.: C. Fr. von Ledebour etc. Reise durch das Altai-Gebirge
und die soongorische Kirgisensteppe etc. 2
Theile. Berl. 1829 — 1830. (vidi).

Carl Anton Meyer reiste 1826 mit von Ledebour
zum Altäi, und untersuchte hier vorzüglich die
Steppen. Er besuchte Schlangenberg, Ustkamenogorsk, Buchtarminsk, den Noor-Saisan, Dolen Kara
und Arka-ul, Kurtschum, Semipalatinsk, die Berge
Arklyki, Arkat, Aldschan, Tschingis-Tau, Dschigi-
lén, den Ort Kar-Karaly, den Altyn-Tubé, das
Gebirge Kent oder Ken-Kaslyk, Semijarsk etc.
Meyer kehrte mit von Ledebour 1827 nach Dorpat·
zurück. Die gesammelten Pflanzen haben Meyer
und dessen Reisegefährten bearbeitet. Ueber die
Reise vergl.: Ledebours Reise Bd. II. p. 171—516.
(vidi).

Alexander von Bunge begleitete ebenfalls von Ledebour 1826 in den Altai. Er besuchte hier im Laufe des Sommers Schlangenberg, die Kolywansche Schleiffabrik, die Dörfer Sentelek, Korgon und Tschetschulicha, die Tschuja, den Tschegan, die terektinskischen Alpen, das Dorf Uimon, den telezkischen See. Die Ausbeute dieser Reise bearbeitete von Bunge mit seinen Reisegefährten. Ueber die Reise vergl. Ledebours Reise. II. p. 1 — 170. (vidi). Bunge blieb noch bis 1833 in Barnaul und Schlangenberg, und besuchte 1827 die Gegend von Salair, 1828 das Cholsunsche Gebirge, 1829 die Quellen der Katunja, 1830 die Gegend am Irtysch. Ueber die Reise zur Katunja vergl.: Ledebours Reise II. p. 518 — 522. (vidi). Den 26. Junius 1830 verliess von Bunge Barnaul, und ging über Tomsk nach Irkuzk, zu den Alpen des Baikal, nach Kiachta und Peking. Von Peking aus machte er häufige Exkursionen, z. B. in die Mongolei nach Zaghan Balghassu, etc. Ueber Irkuzk und Barnaul ging von Bunge dann 1832 zu den Quellen der Tschuja, des Tschulyschman, und endlich zum Altyn-tu. In demselben Jahre besuchte er auf Veranlassung der Kaiserl. Akademie der Wissensch. -zu St. Petersburg auch noch das Gebirge am Korgon, Riddersk und Syränowsk, und kehrte dann über Ustkamenogorsk, Barnaul etc. nach St. Petersburg zurück. Ueber die Reise zu den Alpen des Baikal vergl. die: St. Petersburger Zeitung;

über die Reise nach Zaghan Balghassu vergl. die: Dorpater Jahrbücher; über die Reise durch die Mongolei vergl. die: St. Petersburger Zeitung, oder: Berghaus Annalen 1833 und 1834, oder: l'Europe littéraire, oder: das Ausland 1833 No. 195—196. Ueber den Aufenthalt in China vergl. die: Dorpater Jahrbücher oder: Friedenbergers Journal; über die Reise zum Altyn-tu vergl. die: St. Petersburger Zeitung. Ueber die botanische Ausbeute der Jahre 1830—1833 hat von Bunge in mehreren Abhandlungen berichtet.

Alexander von Humboldt und Ehrenberg bereisten 1829 die Gegend des kaspischen Meers, den Ural, den Altai, Davurien etc. Ueber diese Reise sind erschienen: A. von Humboldt, Fragmente einer Geologie und Klimatologie Asiens. Berl. 1832. (vidi); russisch übersetzt unter dem Titel: Путешествіе Барона Александра Гумбольдта, Эренберга и Розе, въ 1829 году, по Сибири и къ Каспійскому морю. Перев. съ подлин. И. Нероновъ. С. Пеш. 1837.

Rieder botanisirte in Kamtschatka, und sandte seine Pflanzen dem Kayserl. botanischen Garten zu St. Petersburg. Auch erhielt Erman einige der Riederschen Pflanzen, welche von Chamisso beschrieben hat.

Friedrich von Gebler botanisirt schon seit langer Zeit im Altai, und lässt auch durch Andere dort sammeln. Pflanzen haben von ihm sehr viele Botaniker erhalten, welche dieselben bekannt machten. Eine seiner Exkursionen hat Gebler beschrieben in: Rapport d'un voyage dans les hautes montagnes catouniennes jusqu'à la frontière de la Chine etc.; im: Bullet. de la Soc. des Natural. de Mosc. IX. p. 328 — 345. (vidi).

Chr. Fr. Lessing bereiste seit 1832 den Ural, die Steppe der Kirgisen, das alginskische Gebirge, und botanisirt noch gegenwärtig im Altai. Ueber einen Theil seiner Reise vergl.: Linnaea IX (1834) p. 145 — 213 (vidi).

Nik. von Turczaninow botanisirt seit 1828 im östlichen Sibirien. Im Jahre 1828 untersuchte er die Gegend um Irkuzk und am Baikal; 1829 die transbaikalischen Gegenden und die Umgebungen von Werchne-Udinsk. 1830 sah er dieselben Gegenden wieder, welche er bereits 1829 besucht hatte, und drang ausserdem vor in die Länderstrecke, welche westlich von Tunka liegt. 1831 untersuchte v. Turczaninow das eigentliche Davurien; 1832 botanisirte er zwischen Akscha und Kiachta; 1833 an der Schilka, am Argun und Amur; 1834 am nördlichen Baikal und an der obern Angara; 1835 am südlichen Baikal. Von seinen Pflanzen hat er vielen Botanikern mitgetheilt; auch haben wir von ihm eine Flor jener Gegenden zu erwarten.

Schtschukin botanisirt um Irkuzk.

Pflugrad sammelt in Davurien. Ihm verdankt der Kais. botan. Garten zu St. Petersburg trock'ne Pflanzen und Sämereien.

Sedakow sammelt die Flor von Nischnei Kolymsk für den Kais. botan. Garten zu St. Petersburg.

Fr. Beljawski reiste von Tobolsk über Beresow nach Obdorsk. Ueber diese Reise vergl.: Поѣздка къ ледовитому морю. Москв. 1833 (vidi). Die gesammelten Pflanzen hat er selbst bearbeitet.

Das Bergkorps lässt seit 1830 den Ural untersuchen, bei welcher Gelegenheit im Jahre 1834 auch Pflanzen gesammelt wurden, welche Seliwanow bearbeitete. Ueber diese Expedition vergl. Горный журналъ, часть III., книжка VIII. С. Петерб. 1835 pag 201 — 236. (vidi).

Georg von Karelin botanisirt in der Steppe der Kirgisen bei Orenburg, und besuchte 1832 — 1833 das östliche Ufer des kaspischen Meers, das Land der Turkomanen. Seine botanischen Schätze hat Karelin mehreren Botanikern mitgetheilt.

Baron von Wrangel botanisirte in der Kolonie Ross, welche wir in Kalifornien besitzen. Die gemachte Pflanzensammlung überliess er dem Kaiserl. botan. Garten zu St. Petersburg, welcher bereits viele neue Arten derselben beschrieben hat.

Ziwolka, vom Steuermannskorps, war 1835 auf Nowaja Semlja, und sammelte dort einige Pflanzen und Sämereien, welche der Kaiserl. botanische

Garten zu St. Petersburg erhielt. Im Auftrage der Kaiserl. Akademie der Wissenschaften ist er 1837 abermals nach Nowaja Semlja gegangen. Ueber diese Expedition, welche Herr Akademiker von Bär mit mehreren Gehülfen begleitet, und die auch nach dem Russischen Lappland gehen wird, vergl.: Bulletin scientif. de l'Acad. Impér. de St. Petersb. II. No. 11. p. 172 — 173; und: Premier rapport de M. Baer sur l'expédition à Novaja-Zemlia et en Laponie; l. c. II. No. 20. p. 315 — 319 (vidi).

III. *Untersuchungen der Flor des Kaukasus und der transkaukasischen Länder.*

Jos. Pitton de Tournefort und Gundelsheimer verliessen Paris im Jahre 1700, um sich nach Marseille zu begeben, woselbst sie sich nach dem griechischen Archipel einschifften. Im Jahre 1701 gingen sie dann über Konstantinopel und durch Klein-Asien nach Tiflis, und waren endlich 1702 wieder in Paris. Die gesammelten Pflanzen hat Tournefort selbst bearbeitet, und über seine Reise verfasste er: Relation d'un voyage du Levant, fait par ordre du Roi etc. par M. Pitton de Tournefort. 2 tomes. Paris 1717 (vidi). Das Tournefortsche Herbarium findet man noch heute zu Paris, während Gundelsheimers Sammlung in Berlin aufbewahrt wird.

Gottl. Schober untersuchte 1717 auf Peters des Grossen Befehl die Ufer der Wolga, den Kaukasus und die Gegend am kaspischen Meere. Er hinterliess handschriftlich einige seiner Beobachtungen.

Johann Christ. Buxbaum, Mitglied der Kaiserl. Akademie d. Wiss. zu St. Petersburg, ging 1724 von St. Petersburg nach Konstantinopel, besuchte später Natolien, Armenien, und kehrte 1727 über Derbent und Astrachan nach St. Petersburg zurück. Die gesammelten Pflanzen hat er selbst beschrieben; — sie finden sich zum Theil in den Herbarien der Kaiserl. Akademie d. Wiss. zu St. Petersburg.

Samuel Gottlieb Gmelin begab sich am 23. Junius 1768 von St. Petersburg über Moskau, Neutscherkask und Zarizyn nach Astrachan, und von hier zu Schiffe nach Derbent. Weiter besuchte er Baku, Schamachie, Sallian, Enzely, Räscht, das talüschenische Gebirge, Balfrusch. Nachdem Gmelin zu Wasser nach Astrachan zurückgekehrt war, besuchte er von hieraus Zarizyn und Mosdok, und begab sich dann abermals zu Wasser nach den kulalischen Inseln, der Bay Mangischlak, Tjuk Karagan, dem Busen Balkan, dem Busen von Astrabat und Ensily. Er erreichte darauf Astara, Lenkoran, Sallian, Baku, Derbent und Achmetkent, woselbst er den 27. Junius 1774 starb. Die von Gmelin gesammelten Pflanzen und mehrere Hefte Gmelin'scher botanischer Notizen in MS. besitzt die Kaiserl. Akademie der Wissenschaften zu St. Petersburg. Ueber die Reise selbst vergl.: S. G. Gmelins etc. Reise durch Russland zur Untersuchung der drei Naturreiche. 4 Bde. St. Petersb. 1774—1783. (vidi).

Johann Anton Güldenstädt verliess am 19. Junius 1768 St. Petersburg, und besuchte dann die Quellen der Wolga, Moskau, Tambow, Novo-Chopersk, Zarizyn, Astrachan, Mosdok, den nördlichen Abhang des Kaukasus, Tiflis, den Fluss Kur, die Quellen des Rion, Kutais, und abermals den nördlichen Abhang des Kaukasus. Darauf wandte er sich über Tscherkask, Petrowskaja (am asowschen Meere) nach Krementschug. Er sah ferner Jelisabethgrad, Bachmut, Isum (am Donez), Poltawa, Orel, Moskau, und langte am 24. März 1775 wieder in St. Petersburg an. Güldenstädt bearbeitete seine Pflanzen theils selbst, theils benutzten dieselben, so wie die Güldenstädt'schen Handschriften (welche die Kaiserl. Akademie der Wissenschaften zu St. Petersburg besitzt), Pallas und Georgi. Ueber Güldenstädts Reise vergl.: Dr. J. A. Güldenstädts etc. Reisen durch Russland und im kaukasischen Gebirge etc. herausgegeben von P. S. Pallas. 2 Theile. St. Petersb. 1787—1791. (vidi); ferner: Kurzzusammengezogener Beitrag aus etlichen freundschaftlichen Briefen zur Reisegeschichte des verstorbenen Herrn Dr. von Güldenstädt nach den kaukasischen

Gebirgen und Georgien gehörig; in den. Schriften der berl. Gesellschaft naturforsch. Freunde. Bd. 3. (1782) p. 466 — 479.

Karl Ludwig Hablizl begleitete S. G. Gmelin auf dessen Reise während der Jahre 1768 — 1773. Im Novbr. 1773 aber liess ihn Gmelin zu Enzely zurück, woselbst Hablizl bis zum 26. May 1774 blieb, darauf aber besuchte er die gilanischen Gebirge, und ging endlich am 10. Novbr. 1774 zu Schiff nach Astrachan. Ueber diese kleine Reise vergl.: Bemerkungen in der persischen Landschaft Ghilan, im Jahr 1773, durch Karl Hablizl, St. Petersb. 1783 (vidi); oder auch: Pallas Neue nord. Beiträge IV. p. 1 — 104 (vidi); oder endlich: S. G. Gmelins Reise, Bd. 4. Appendix. (vidi). In den Jahren 1781 — 1782 besuchte Hablizl die persische Küste, und verlebte einen Winter zu Astrabat.

M. F. Adams bereiste mit dem Grafen Mussin Puschkin den Kaukasus. Mehrere der gesammelten Pflanzen hat er selbst beschrieben.

Graf Mussin Puschkin botanisirte 1800 — 1805 in den südlichen Vorbergen des Kaukasus, in Somchetien und Iberien. Seine Sammlung benutzte Bieberstein.

Friedrich August Marschall von Bieberstein botanisirte 1793 — 1796 in der Krimm, 1796 — 1797 um Derbent, am Beschbarmak, Kurt - Bulak, an den Quellen des Kosutschai, um Alt - Schamachie und am Kur, 1798 am nördlichen Fusse des Kaukasus von der Mündung des Terck bis zur Mündung des Kuban. In der Folge, da er in der Krimm wohnte, besuchte er abermals die Kabardá, den Elborus, Konstantinogorsk, Narzana und den Beschtau. 1802 ging er von Mosdok nach Tiflis, und bereiste dann Iberien, Kachetien und Somchetien. 1805 war er abermals in Tiflis. Die botanischen Schätze, welche Marschall von Bieberstein sammelte, hat er selbst beschrieben; einen noch unedirten Theil eines Biebersteinschen Manuscripts edirt gegenwärtig die Kais. Akademie d. Wiss. zu St. Petersburg. Diese ist auch im Besitz des Biebersteinschen Herbariums.

Christian von Steven botanisirt seit 1803 in der Krimm, im Kaukasus und in Iberien. Seine Sammlung hat er zum Theil selbst beschrieben, zum Theil Bieberstein und Hoffmann.

Hansen botanisirte an der Mündung des Kur und in der Ebene jenseit des Kur. Einen kleinen Theil der Hansenschen Pflanzen hat Bieberstein beschrieben.

Christ. Burchard von Vietinghoff sammelte um diese Zeit ebenfalls die Flor des Kaukasus, und theilte sie Bieberstein mit. Ueber seine Reisen vergl.: Discours sur quelques objets d'histoire naturelle, in: Mém. de la Soc. des Natural. de Mosc. III. p. 83 — 96. (vidi).

Christ. Wilhelms botanisirt noch gegenwärtig im

Kaukasus und in Iberien. Seine Sammlung beschrieb zum Theil Bieberstein, zum Theil bearbeiteten dieselbe andere Botaniker, denen Wilhelms Pflanzen mittheilte, z. B. Ledebour.

Julius von Klaproth verliess 1807 St. Petersburg, und besuchte Moskau, Charkow, Alt-Tscherkask, Georgiewsk, die Kuma, den Beschtau, Mosdok, Tiflis, den Ursprung des Ksani und Terek. Von hier ging er über Tianethi und Wladikawkas abermals nach Tiflis, dann nach Mosdok, Imeretien, zum Kuban, und endlich 1809 nach St. Petersburg zurück. Ueber die gesammelten Pflanzen gab Klaproth einige Bemerkungen. Ueber die Reise selbst vergl.: Reise in den Kaukasus und nach Georgien, unternommen in den Jahren 1807—1808 etc. von Julius von Klaproth. 2 Bde. Halle und Berlin 1812—1814. (vidi).

F. W. Londes reiste von Moskau die Wolga abwärts, dann über Astrachan und Kislar nach Georgiewsk, wo er starb.

Friedrich Parrot ging 1811 von Dorpat über Pskow, Witebsk, Mohilew, Minsk und Kamenez Podolsk in die Krimm; später besuchte er Taman, den Kuban, Mosdok, Wladikawkas, den Terek bis zu seinem Ausflusse, den Kasbek, und kehrte endlich 1812 über Tscherkask, Woronesch, Moskau, Nowgorod und Pskow nach Dorpat zurück. Die gesammelten Pflanzen hat Parrot bearbeitet für die Beschreibung seiner Reise Reise in die

Krym und den Kaukasus von Moritz von Engelhardt und Fr. Parrot. 2 Theile. Berlin 1815. (vidi). — Am 10. Febr. 1828 verliess Parrot abermals Dorpat, und ging über Smolensk, Wjäsma, Kaluga, Orel, Kursk, Charkow, Bachmut Neu-Tscherkask, den Manetsch und Manctsch-See, Mosdok, Jekatherinograd, Wladikawkas, Kobi und Kaschaur nach Tiflis. Von hieraus begab er sich nach Kachetien, Etschmiadsin, zum Ararat; dann weiter nach Erivan, Tiflis, Imeretien, Mingrelien, Redout-Kaleh, und kehrte hierauf über Tiflis, Kobi, Wladikawkas, das Sundscha-Thal, Kislar, die Mündung der Wolga, Zarizyn, Alt-Tscherkask, Woronesch, Tula, Kaluga, Smolensk und Pleskau nach Dorpat zurück, woselbst er am 1. März 1830 eintraf. Die gesammelten Pflanzen hat Parrot nahmhaft gemacht in der Beschreibung dieser Reise: Reise zum Ararat von Dr. Fr. Parrot. 2 Theile. Berlin 1834. (vidi).

Dubois reiste nicht minder im Kaukasus, und sammelte daselbst Pflanzen.

Ravergie botanisirte im Kaukasus, und theilte von seinen Pflanzen namentlich an Pyramus de Candolle mit.

Eduard Eichwald verliess am 8. März 1825 Kasan, und begab sich über Simbirsk, Sysran etc. nach Astrachan. Von hieraus besuchte er zu Wasser Tük-Karagan, die Insel Swätoi, Tarki, Derbent, Baku, den balchanischen Meerbusen, die Insel

Tschelekän, Astrabat, Masanderan, Ghilan. Zu Lande besuchte er ferner Sallian, Alt-und Neu-Schamachie, Elisabethpol, Schamschadilsche, Somchetien, Tiflis, Gori, Kutais, Redout-Kaleh, Schulaweri, Telaw, Signach, Karagatsch, die upadarische Steppe, das Achtala'sche Kupferbergwerk, Lori, Karaklis, den See Gok-tschai, Kobi, Wladikawkas, Elisabethgrad, Georgiewsk, Neu-Tscherkask, und kehrte dann 1826 nach Kasan zurück. Die gesammelten Pflanzen haben von Ledebour und C. A. Meyer bearbeitet. Ueber die Reise vergl.: Reise auf dem kaspischen Meere und in den Kaukasus, unternommen in den Jahren 1825—26 von Dr. Ed. Eichwald. Tübingen 1834 (der erste Band.) (vidi); ferner: Bilder vom kaspischen Meere; im Morgenblatt 1832. No. 70, 78, 86 und 88.

Patterson botanisirte im Kaukasus, und sandte viele Pflanzen an den Kaiserl. botanischen Garten zu St. Petersburg.

C. A. Meyer verliess, im Auftrage der Kais. Akademie d. Wiss. zu St. Petersburg, am 12. Junius 1829 Dorpat, und begab sich in die nördlichen Vorberge des Kaukasus zur Kischmalka. Er besuchte in der Folge den Kassaut, die Schwarzberge, die Malka, den Elbruz, den Kuban, Piatigorsk, den Beschtau, Kislowodsk, die Kabardei, Naltschik, Grosnaja, das Sunscha-Thal, Wladikawkask, Kaschaur, Kasbek, Baku, Sallian, Lenkoran, das Talüschenische

Gebirge, Swant, die Insel Sara, den Beschbarmak, die Schneeberge Kuby, den Schachdagh und Tufandagh, Derbent, und kehrte 1830 nach St. Petersburg zurück. Die während dieser Reise gemachte Ausbeute hat Dr. Meyer beschrieben.

Gottfried Wilhelm Kieseritzki botanisirte vorzüglich auf der Insel Sara im kaspischen Meere. Die von ihm gesammelten Pflanzen besitzen von Ledebour, C. A. Meyer und Chr. Fr. Lessing.

A. J. Szovits reiste nach dem letzten Perserkriege nach Tauris, Aderbeidschan, Karabagh, dem russischen Armenien etc., und starb am 21. August 1830 in der Nähe von Kutais. Seine schöne Sammlung besitzt der Kais. botanische Garten zu St. Petersburg, und sie wird bearbeitet von F. E. L. von Fischer und C. A. Meyer.

Johann Kaleniczenkow besuchte von Charkow aus Alt-Tscherkask, Stawropol, Alexandrowsk, Georgiewsk, Piatigorsk, den Beschtau und Kislowodsk. Eine Aufzählung der gesammelten Pflanzen haben wir von ihm zu erwarten. Ueber diese Reise vergl. Bulletin de la Soc. Imp. des Natural. de Mosc. IX. p. 399 — 415. (vidi).

Karl Belanger reiste 1825 — 1829 durch das nördliche Europa, die kaukasischen Länder, Georgien, Armenien und Persien nach Ostindien. Die während dieser Reise gesammelten Pflanzen bearbeiteten Belanger und Bory de Saint Vincent. Ueber diese Reise ist zu vergl. Voyage aux Indes-orientales par le nord de l'Europe, les provinces du Caucase etc., pendant les années 1825—1829, par Charles Bélanger. (vidi); ferner: Voyage de M. Bélanger dans l'Inde, in: Férussac Bullet. des Sc. naturelles. XVI. (1829) p. 267 (vidi).

R. Fr. Hohenacker botanisirt in den Ländern jenseit des Kaukasus, und verkauft seine Ausbeute, welche F. E. L. von Fischer und C. A. Meyer bearbeiten. Eine Enumeratio seiner Sammlung haben wir von Hohenacker zu erwarten.

A. von Nordmann und Th. Döllinger besuchten 1836 von Odessa aus: Sewastopol, Gelintschik, Suchum-Kalé, Kelasura, Iskuria, Drandi, Cap Codor, Alt-Suchum, Anakopi, Psirelsi, Bambora, Pizunda, den Gebirgsgipfel Hirtscha, die Flüsse Metschisi, Pschandra, Kipse, Illori, Redout-Kalé, Poti, St. Nikolai, Osurgeti, Kobuleti, Suram, das Adschar'sche und Achalzich'sche Gebirge, die Quellen des Kur, Kutais, die Vorberge von Letschgum, Imeretien, Anaklia. Die reiche Pflanzensammlung bearbeitet von Ledebour. Ueber die Reise selbst vergl.: Bullet. scientif. publ. par l'Académie Impér. des Sc. de St. Pétersb. II. No. 6. p. 91—95. (vidi).

Eduard Koch bereist gegenwärtig den Kaukasus und die Länder, welche jenseit desselben liegen.

IV. *Untersuchung der Flor des westlichen europäischen Russlands.*

Als erster Untersucher der Flor Polens dürfte Gabriel Rzaczynski genannt werden, welcher die officinellen Pflanzen, die Bäume und Sträucher Polens beschreibt.

Christ. Heinr. Erndtel botanisirte um Warschau, und beschrieb die gesammelten Pflanzen.

Joh. Emanuel Gilibert botanisirte in Lithauen, und gab eine Flor dieses Landes.

Zwei Jundzil, Onkel und Neffe, botanisirten ebenfalls in Lithauen, und machten ihre Entdeckungen bekannt.

Anton Andrzeijowski reiste in Podolien und in der Ukräne. Seine Pflanzen bearbeitete er selbst. Ueber seine Reise vergl. Rys botaniczny Krain zwiedzonych w podrozach pomiezdky Bohem i Dniestrem od Zbruczy az do mórza czarnego odbytych w latach 1814, 16, 18 i 22. Wilno 1823; und: Rys botaniczny Krain zwiedzonych w podrozach pomiezdky Bohem, Dniestrem az do reyzcia tych rzeck w morze odbytich w latach 1823 i 1824. Wilno 1830.

W. S. J. G. Besser botanisirte in Volhynien, Podolien, Kiew, Bessarabien und um Odessa. Seine Entdeckungen hat er bereits bekannt gemacht.

Eduard Eichwald sammelte und beschrieb die Flor von Lithauen, Volhynien und Podolien.

Wolfgang botanisirt fleissig um Wilna. Ueber seine Beobachtungen hat er selbst, wie auch Ed. Eichwald, Mehreres bekannt gemacht.

Tschernäjew botanisirte in der Ukräne, und von Schranck beschrieb einen Theil der gemachten Pflanzensammlung.

Gorski botanisirt ebenfalls in Lithauen.

V. *Untersuchungen der Flor des mittlern und südlichen europäischen Russlands.*

Traugott Gerber besuchte 1739 die Wolga, 1741 den Don und das schwarze Meer. Ueber seine Pflanzen hinterliess er mehrere Handschriften. Diese, wie sein Herbarium, das an die medicinische Kanzelei zu St. Petersburg kam, benutzten Amman und J. G. Gmelin.

Gottlieb Schober botanisirte um Moskau, und hinterliess handschriftliche Bemerkungen über die Flor jener Gegend.

Johann Jakob Lerche durchzog von 1731 — 1770 Russland wiederholt von Finnland bis Persien. Seine Pflanzen sandte Lerche an die medicinische Kanzelei zu St. Petersburg, an Linné und an Andere. Ueber astrachanische und persische Pflanzen hinterliess er auch eine Handschrift. Hinsichtlich der Reisen Lerche's vergl. Joh. Jak. Lerche etc. Lebens- und Reisegeschichte, von ihm selbst beschrieben und mit Zusätzen herausgegeben von Dr. Ant. Fr. Büsching. Halle 1791. (vidi).

Die Krimm fand den ersten Bearbeiter ihrer Flor in K. L. Hablizl. Dieser gab ein Verzeichniss der krimmischen Pflanzen.

Peter Simon Pallas hatte schon auf der Reise, die ihn nach Sibirien führte, mehrere Gegenden des europäischen Russlands untersucht; indessen unternahm er 1793 — 1794 eine besondere Reise in die südlichen Provinzen. Er besuchte Moskau, Saratow, Pensa, und folgte dann der Wolga nach Astrachan; später begab er sich zum Tschaptschatschi, Bogdo und abermals nach Astrachan, und weiter nach Konstantinogorsk, Stawropol, Tscherkask und Symphcropol. Nachdem er 1794 die Krimm bereist hatte, nahm er seinen Rückweg über Cherson, Elisabethgrad, Kursk, Moskau etc. Auch die auf dieser Reise gesammelten Pflanzen hat Pallas bearbeitet. Ueber die Reise vergl.: P. S. Pallas Bemerkungen auf einer Reise in die südlichen Stadthalterschaften des russischen Reichs in den Jahren 1793 und 1794. 2 Theile. Leipz. 1803 (vidi); dies Werk erschien auch französisch: P. S. Pallas, Observations faites dans un voyage, entrepris dans les gouvernemens méridionaux de l'empire de Russie. 2 tomes. Leipz. 1801 — 1806.

Nikolaus Ozeretskowski, ein Reisegefährte Lepechins, wurde von diesem 1768 von Simbirsk aus über Zarizyn und längs der Linie nach Donskaja

Krepost geschickt. Das gesammelte Material benutzte Lepechin.

Basilius Sujew reiste 1781 — 1782 im südlichen Russland, am Dniepr, in Taurien etc. bis Konstantinopel. Ueber seinen Weg nach Taurien vergl.: Путешественныя записки Василья Зуева отъ С. Петербурга до Херсона въ 1781 и 1782 году С. Петерб. 1787, welche auch deutsch erschienen: B. Sujew, Reise nach Cherson und Taurien. 1789.

Nikolaus von Rytschkow reiste 1770 und 1771 am Tscheremschan, Sok, an der Kama, Wiätka und Bielaja, und endlich in der Kirgisensteppe. Seine Sammlungen benutzte Pallas. Ueber seine Reisen vergl.: Журналъ путешествія Капитана Николая Рычкова, wovon 1774 eine deutsche Uebersetzung erschien: N. Rytschkow, Tagebuch seiner Reise durch verschiedene russische Provinzen.

Johann von Böber besuchte 1792, von St. Petersburg aus, Moskau, Charkow, Jekaterinoslawl und die Krimm. Seine Sammlungen benutzte Georgi. Ueber diese Reise vergl.: Pallas Neue nord. Beitr. VI. p. 256 — 264. (vidi).

Fr. Stephan botanisirte um Moskau, und lieferte die erste Flor dieser Stadt. Das Stephansche Herbarium und Stephans Bibliothek besitzt gegenwärtig der Kaiserl. botanische Garten zu St. Petersburg.

Joh. Dwigubski beschäftigte sich wenig später mit der Flor Moskaus, und machte seine Entdeckungen ebenfalls bekannt.

A. M. Tauscher ging 1806 von Moskau über Sarepta die Wolga hinab nach Astrachan; dann zurück über Sarepta zur Ilowla und Medwediza, und endlich wieder nach Moskau.

J. Ch. G. Hermann reiste mit Tauscher nach Sarepta, Astrachan, zur Ilowla und Medwediza.

F. W. Londes untersuchte die Flor der Umgegend von Gorenki bei Moskau, und machte über dieselbe Einiges bekannt.

Wunderlich botanisirte um Sarepta und lieferte an Bieberstein viele Beiträge zu dessen Flora taurico-caucasica.

Joh. Friedr. von Erdmann besuchte 1811 von Kasan aus die Mineralquellen von Sergiewsk, 1815 aber, von Kasan aus, Simbirsk, Sysran, Saratow, den Bogdo, Tschernojar, Astrachan, Alatyr und Ardatow. Er sammelte fleissig Pflanzen, welche gegenwärtig in der Privatsammlung Sr. Maj. des Königs von Sachsen sich befinden. Ueber diese Reisen vergl.: Reisen im innern Russland, angestellt von Dr. J. Fr. Erdmann. Leipz. 1825 — 1826. 2 Bde. (vidi).

Karl Fr. von Ledebour und Carl Ant. Meyer bereisten 1818 die Krimm, und sammelten die Flor derselben.

Blum botanisirte fleissig um Astrachan, und theilte seine Pflanzen vorzüglich Ledebour mit, der sie benutzte.

E. Eversmann bereiste 1827 von Kasan aus die Steppe zwischen dem Uralfluss und der Wolga. Hierüber vergl.: Relation abrégée d'un voyage, fait au mois de Mai 1827 dans les steppes situées entre les parties méridionales du fleuve Oural et du Volga, par M. E. Eversmann, in: Nouvelles Annales des Voyages. Juin 1828 p 281 etc.

Carl Klaus bereiste 1827 mit E. Eversmann von Kasan aus die Steppe zwischen Ural und Wolga; 1834 aber mit Prof. Fr. Göbel, von Dorpat aus, abermals das südliche Russland. Von Klaus haben wir eine botanische Arbeit über die Steppen zu erwarten.

Friedemann Göbel besuchte 1834 von Dorpat aus: Petersburg, Moskau, Murom, Arsamas, Pensa, Saratow, Kamyschin, den Elton-See, die Rhynpeski, Glininoi, Kalmyckowa, Inderskaja Krepost, die Inderskischen Berge, Gurjew, Krasnoi-Jar, Astrachan, Chotschetaewka, den Arsagar, den Tschaptschatschi und Bogdo, ferner Wladimirowka, Sarepta, Päti-Isbensk (am Don), Neu Tscherkask, Taganrog, die Krimm, Cherson, Nikolajew, Odessa. Er kehrte von hieraus direkt nach Dorpat zurück. Die Beschreibung dieser Reise wird noch in diesem Jahre erscheinen.

Joh. Fr. Leberecht von Schmalz bereiste 1834 das mittlere europäische Russland und die Kolonien an der Wolga, um über Feld- und Waldbau Beobachtungen anzustellen. Die Resultate dieser Reise hat er in mehreren Abhandlungen niedergelegt, welche in der: „Земледѣльческая газета" erschienen.

A. J. Szovits botanisirte im Chersonschen Gouvernement, dessen Flor er sammelte, um sie käuflich Anderen zu überlassen.

Joseph Liboschitz sammelte und beschrieb die Pilze mehrerer russischen Gouvernements; auch untersuchte und bearbeitete er die Flor von Moskau.

F. M. S. V. Höfft botanisirte im Gouvernement Kursk, und gab eine Enumeratio der gesammelten Pflanzen.

Timianski botanisirte um Kasan.

J. Goldbach botanisirte um Moskau, und lieferte eine Flor dieser Stadt.

H. Martius war ein anderer Untersucher und Bearbeiter der Flor Moskau's.

Mich. Maximovitsch sammelte nicht minder um Moskau; auch gab er ein Verzeichniss der gesammelten Pflanzen.

Henning botanisirt um Moskau, und ist gern bereit, Sammlungen zu verkaufen.

H. G. von Bongard sammelte die Pflanzen von Kleinrussland.

Samuel Brunner reiste 1831 von Bern über

Wien, Triest, Konstantinopel, Odessa nach Sympheropol. Nachdem er die Krimm durchstreift hatte, kehrte er mit den gesammelten Pflanzen zurück über Odessa, Lemberg und Wien. Ueber diese Reise vergl.: Ausflug über Konstantinopel nach Taurien im Sommer 1831 von S. Brunner. St. Gallen und Bern 1833. (vidi).

Alexander von Bunge besuchte 1834 von Kasan aus die Steppe jenseit der Kama; 1835 aber die Steppen des Saratowschen Gouvernements und des Astrachanschen bis zum Bogdo.

Georg Karelin reiste 1828 in der Steppe zwischen dem Uralfluss und der Wolga, zur Sandwüste Narin, zum Berg Bogdo und zum inderskischen See; vergl.: Bulletin de la Soc. des Natural. de Mosc. I. (1829) p. 147 — 150. (vidi).

Compère, in der Krimm ansässig, botanisirt daselbst. Von seinen Pflanzen theilte er mit vorzugsweise an von Steven und F. E. L. von Fischer, welche einige seiner neuen Pflanzen beschrieben.

Der Verf. dieses Grundrisses besuchte 1837 mit J. Fr. L. von Schmalz die Krimm, und behält sich vor, in der Folge über diese Reise zu berichten.

VI. *Untersuchungen der Flor des nördlichen europäischen Russlands.*

Der älteste Untersucher Finnlands in botanischer Hinsicht, welcher über seine Bemühungen in gedruckten Schriften Rechenschaft giebt, ist Elias Tillands, seit 1670 Professor zu Abo.

Johann Buxbaum botanisirte in Ingermannland, und gab einige Bemerkungen über dessen Flor.

Johann Georg Siegesbeck untersuchte und beschrieb 1734 die Flor Ingermannlands.

Karl von Linné verliess 1732 Upsala, und bereiste Lappland und Norwegen, seinen Rückweg nehmend über das jetzt russische Finnland, nehmlich über Tornea, Carleby, Ulea, Wasa, Biorneburg und Abo. Interessante Notizen über diese Reise, und die Beschreibung der gemachten Sammlung findet man in Linné's Flora lapponica. Amstelod. 1737 (vidi).

Joh. Browallius durchstreifte Finnland seit 1739, und hinterliess handschriftlich seine Bemerkungen über die Flor jenes Landes.

Baron Steno Karl Bielke sammelte die Flor Finnlands um's Jahr 1739.

Johannes Leche beschäftigte sich vorzüglich mit den Gräsern Finnlands. Er theilte seine Pflanzen an Browallius mit, und hinterliess handschriftlich eine Flora suecica, in welcher seine Sammlung finnländischer Pflanzen wohl auch Platz gefunden haben mag.

Peter Adrian Gadd bereiste mehrere Theile Finnlands, um dessen Naturerzeugnisse zu sammeln.

Peter Kalm untersuchte ebenfalls in botanischer Hinsicht verschiedene Gegenden Finnlands.

Wilhelm Grönlund war ein anderer Untersucher der finnischen Flor; auch machte er seine Entdeckungen bekannt.

Johan Gustav Justander und Zachar. Tamlander beobachteten nicht minder die Flor Finnlands. Sie übergaben der Welt die Früchte ihres Fleisses.

Stephan Krascheninnikow beschäftigte sich mit der Flor Ingermannlands, und hinterliess zahlreiche Beobachtungen in Manuscript, welche Gorter benutzte.

David von Gorter botanisirte um St. Petersburg, und machte seine Entdeckungen bekannt.

Iwan Lepechin bereiste das europäische Russland in den Jahren 1768 — 1773. Er besuchte im Laufe der Reise Moskau, Simbirsk, Zarizyn, Astrachan, Guriew, Jaizkoi Gorodok, Orenburg, Jekatherinenburg, Werchoturie, Ustjug-Weliki, Archangel und die westliche und östliche Küste des weissen Meers bis Kanin Noss. Ueber St. Petersburg wandte er sich dann nach den Gouvernements Pleskau, Witebsk und Livland. Ueber diese Reise, auf welcher Lepechin viele Pflanzen sammelte (von denen er indessen nur wenige beschrieb), vergl.: Дневныя записки Ивана Лепехина по разнымъ провинціямъ Россійскаго Государства. 3 части.. С. Петерб. 1795. (2te Ausgabe) (vidi), deren 4. Band erschien nnter dem Titel: Путешествія Академика Ивана Лепехина, часть IV. въ 1772 году. С. Петерб. 1805 (vidi). Eine deutsche Uebersetzung der 3 ersten Bände ist: Herrn Iw. Lepechin's Tagebuch der Reise durch verschiedene Provinzen des russischen Reichs in den Jahren 1768—1771. Aus dem Russ. übers. von M. Chr. H. Hase. 3 Bde. Altenb. 1774—1783. (vidi).

Erich Laxmann besuchte 1779 Nowgorod, Ostaschkow, Moskau, Wyschnei-Wolotschok, Tichwin, Olonetz, den Onega-See. Hierüber vergl.: Pallas Neue nord. Beitr. III. p. 159—177. (vidi). Im Jahre 1780 war Laxmann am weissen Meere.

Gregor Sobolewski beschäftigte sich mit der Flor St. Petersburgs, und beschrieb dieselbe.

Johann Jakob Ferber botanisirte in Kurland, wie auch

Joh. Gottl. von Groschke. Letzterer lieferte ein Verzeichniss kurländischer Pflanzen.

Aug. Wilh. Hupel beschäftigte sich mit den Pflanzen Livlands, und gab Verzeichnisse derselben.

J. B. Fischer sammelte und bearbeitete ebenfalls die Flor Livlands.

David Heinrich Grindel untersuchte und beschrieb die Flor von Kur-Liv-und Esthland.

G. A. Germann botanisirte in Esthland und Livland, und gab ein Verzeichniss der Pflanzen ersterer Provinz; vergl.: D. A. Hoppe's Neues bot. Taschenbuch auf das Jahr 1805 pag. 57—104. Im Jahre 1804 bereiste Germann mit mehreren Studenten Finnland, vergl.: Regensb. bot. Zeitung für 1804.

Wilh. Christ. Friebe botanisirte in den Ostseeprovinzen, und beschrieb die ökonomisch-techni-
schen Pflanzen derselben.

E. W. Drümpelmann sammelte die Flor Livlands, und gab Abbildungen und Beschreibungen
der Flor dieses Landes.

Joh. Wilh. Ludw. von Luce botanisirte auf der
Insel Oesel, und gab eine Flor derselben.

Carl Anton Meyer und Alex. von Bunge bereisten Livland und Oesel in den Jahren 1823 und 1824.

Graf von Bray botanisirte in Livland, und
machte Mehreres über die Flor dieses Landes
bekannt.

Andreas von Löwis beschäftigt sich mit der
Flor Livlands, und gab Mehreres über die Forst-
gewächse dieser Provinz heraus.

J. G. Fleischer untersucht die Pflanzenwelt Kurlands, und gab von seinen Entdeckungen Rechenschaft.

Lindemann sammelt seit längerer Zeit die Flor
Kurlands, und verkauft seine Ausbeute.

Carl Bernhard von Trinius botanisirt um St. Petersburg, und gab eine Flor dieser Stadt in Verbindung mit Liboschitz.

Nik. von Turczaninow beobachtete gleichfalls die
Flor um St. Petersburg. Die Beobachtungen desselben machte Nikol. Schtscheglow bekannt.

J. A. Weinmann untersuchte und beschrieb die
Flor des St. Peterburgschen Gouvernements.

John D. Prescott brachte eine der vollständigsten Sammlungen der Flor St. Petersburgs zusammen.

K. Levinin giebt Abbildungen von Pflanzen aus der Flor St. Petersburgs.

H. G. von Bongard beschäftigt sich schon seit langer Zeit mit den Pflanzen St. Petersburgs, und arbeitet gegenwärtig an einer Flor dieser Stadt.

Jakob Fellmann botanisirt im russischen Lappland, um Kola, und gab ein Verzeichniss der Pflanzen jener Gegenden.

Fortunatow sammelte Pflanzen um Wologda, und lieferte ein Verzeichniss dessen, was er gefunden.

Rudolf Richter botanisirte um Archangel, und lieferte ein Verzeichniss einiger der dort einheimischen Pflanzen.

Der Verf. dieser Zeilen bereiste 1829 und 1830 das livländische Gouvernement, und hat die Weiden desselben bearbeitet.

Alexander Schrenk wird in diesem Jahre (1837), im Auftrage des Kaiserl. botanischen Gartens zu St. Petersburg, das Gouvernement Archangel bereisen, zu welchem Ende er bereits am 8. April St. Petersburg verlassen hat.

VII. *Untersuchungen der Flor fremder (nicht russischer) Länder durch russische Botaniker.*

Dergleichen fanden Statt bei allen den Weltumseegelungen der Russen, welche wir oben angeführt haben, ausserdem aber durch:

Christ. Heinr. Erndtel. Er beobachtete und beschrieb die Flor um Karlsbad.

Johann Christ. Buxbaum. Er untersuchte und beschrieb die Flor von Halle.

Peter Kalm. Er bereiste 1747 — 1751 Nord-Amerika; vergl.: Herrn P. Kalms etc. Beschreibung der Reise, die er nach dem nördlichen Amerika etc. unternommen hat. Eine Uebersetzung (von Murray). 3 Theile. Göttingen 1754 — 1764 (vidi). Von der Ausbeute dieser Reise bearbeitete Jesaias Hollberg die Farbekräuter. — Kalm botanisirte auch in Schweden, und lieferte Beiträge zur Flor desselben. Ueber eine der Kalm'schen Reisen in Schweden vergl.: Pehr Kalms Wästgötha och Bahusländska Refa föviäted ar 1742. Stockh. 1746.

Joh. Georg König (geboren in Livland), bereiste Bornholm, Island, das Cap der guten Hoffnung und Ostindien. Seine Handschriften erhielt Banks, seine Pflanzen vom Cap hat König an Linné mitgetheilt. Ueber die Reise nach Island vergl.: Beschäftigungen der berlin. Gesellschaft naturforsch. Freunde II. p. 536 — 541; über die Reise nach Ostindien aber vergl.: l. c. III. p. 427 — 430, und: Danska Vidensk. Selsk. skrift. XII. p. 383 — 402.

David von Gorter botanisirte in Belgien, und lieferte eine Flor dieses Landes.

Freyreiss. Er reiste in Brasilien für die Gesellschaft naturforschender Freunde zu Moskau.

F. W. Londes. Er botanisirte um Göttingen, und gab eine Flor dieser Stadt.

Georg Franz Hoffmann botanisirte in Deutschland, und erwarb sich grosse Verdienste um dieses Land dursch seine Flora germanica. In sein Herbarium theilten sich die Kaiserliche Universität und die Kaiserl. med.-chirurgische Akademie zu Moskau.

Joh. Leche beschäftigte sich mit der Untersuchung der schwedischen Flor, und machte Mehreres über diesen Gegenstand bekant.

Laurentius Johannes Prytz bereiste 1819 Tornea-Lappmark, Finmarken und das Nordkap. Vergl.: Anteckningar under en Resa till Nord-Cap, genom Tornea-Lappmark och vestra Finmarken år 1819, in: Diario Mnemocyne (Abo) Mai. 1821. p. 129 seqq.

G. H. von Langsdorff bereiste Brasilien im Auftrage der Kaiserl. Akademie der Wissenschaften zu St. Petersburg. Das gesammelte Material bearbeiten von Trinius und von Bongard.

Riedel reiste erst mit Langsdorff in Brasilien; später aber bereisten er und Luschnath jene Gegend im Auftrage des Kaiserl. botanischen Gartens zu St. Petersburg, der auch die dort gemachten Sammlungen besitzt.

K. E. von Baer, gegenwärtig Akademiker zu

St. Petersburg, bereiste die Küsten von Samland, und botanisirte daselbst; vergl.: Botanische Wanderungen an der Küste von Samland, in: Regensb. bot. Zeitung. 1821. II. p. 397 — 412. (vidi).

Joh. Jak. Friedr. Parrot bereiste Frankreich, die Pyrenäen und Spanien; vergl.: J. J. Fr. Parrot Reise in die Pyrenäen. Berl. 1823. — Im Jahre 1837 beabsichtigt Parrot, das Nordkap zu besuchen.

B. Wissenschaftliche Vereine Russlands, welche die Botanik förderten.

Ausser den Universitäten und mediko-chirurgischen Akademien des Reichs, welche zu Moskau, St. Petersburg, Dorpat, Helsingfors (Abo), Kasan, Charkow, Kiew (Krzemeniec), Warschau und Wilna blühen, gehören hieher:

Die Kaiserl. medicinische Kanzelei, gestiftet von Peter dem Grossen.

Die Kaiserl. Akademie der Wissenschaften zu St. Petersburg, die höchste wissenschaftliche Anstalt des Reichs, in Thätigkeit seit 1725. Gegenwärtig ist beständiger Sekretaire: Paul von Fuss.

Die Kaiserl. freie ökonomische Gesellschaft zu St. Petersburg, gestiftet 1765 durch einige Magnaten. Sekretaire: Peter v. Sobolewsky.

Die livländische gemeinnützige ökonomische Societät, gestiftet 1796 von Peter Heinr. von Blankenhagen. Gegenwärtig beständiger Sekretaire: Andreas von Löwis.

Die physiko-medicinische Gesellschaft zu Móskau, gegründet 1804 von Michael Murawieff. Gegenwärtig Sekretaire: F. F. Reuss.

Die Kaiserl. Gesellschaft naturforschender Freunde zu Moskau, gestiftet 1805. Gegenwärtig erster Sekretaire: von Soubkoff.

Die phytographische Gesellschaft zu Gorenki, gegründet von Hoffmann und F. E. L. von Fischer, vereinigte sich 1822 mit der Kaiserl. Gesellsch. naturforsch. Freunde zu Moskau.

Die kurländische Gesellschaft für Litteratur und Kunst zu Mitau. Gegenwärtig beständiger Sekretaire von Recke.

Die Gesellschaft zur Beförderung der Waldwirthschaft, zu St. Petersburg.

Die Kaiserliche Landwirthschaftliche Gesellschaft zu Moskau. Gegenwärtig Sekretaire: Maslow.

Die botanische Gesellschaft zu St. Petersburg (vergl.: Regensb. botan. Zeitung 1823. II. p. 655) ist nicht zu Stande gekommen.

Die russische Gesellschaft der Freunde des Gartenbaues, zu Moskau, gestiftet 1835.

C. Grössere Gärten Russlands, welche die Botanik förderten.

Der älteste grössere Garten dürfte der Kaiserl. Weingarten zu Astrachan gewesen sein, welchen der Zaar Michail Fedorowitsch 1613 anlegte, und Peter der Grosse erweiterte. Er wurde in spätern Zeiten verkauft.

Der Kaiserliche botanische Garten zu Abo war bereits 1643 vorhanden, und wurde nach dem Brande von Abo nach Helsingfors verlegt.

Der Kaiserliche botanische Garten zu Warschau wurde 1651 gestiftet. Gegenwärtig Direktor: Szubert.

Der Kaiserliche Apothekergarten zu Moskau wurde 1706 von Peter dem Grossen gestiftet, später aber verkauft (?) oder in den dasigen botanischen Garten verwandelt. Gegenwärtig besteht zu Moskau ein anderer Apothekergarten.

Der Kaiserl. Apothekergarten zu St. Petersburg wurde 1714 von Peter dem Grossen gestiftet, 1823 aber in einen Kaiserlichen botanischen Garten verwandelt. Gegenwärtig Direktor: F. E. L. von Fischer.

Der Kaiserl. Garten zu Woronesch wurde von Peter dem Grossen gestiftet.

Der Kaiserliche Garten zu Pawlowsk im Gouvernement Woronesch wurde von Peter dem Grossen gestiftet, und war bereits 1768 im Verfallen.

Der botanische Garten der Kaiserlichen Akademie der Wissenschaften wurde nach des Akademikers Smelowsky Zeit verkauft.

Der botanische Garten der Herren Demidoff und Turczaninow zu Solikamsk blühte um 1771, verfiel aber nach Turczaninows Tode.

Der Garten von Prokop Akimfiewitsch Demidoff zu Moskau, gegründet 1756, wurde beim Brande von Moskau zerstört.

Der Garten, welchen Pallas zu St. Petersburg unterhielt, und in welchem er viele seltene russische Gewächse zog, wurde später von ihm in die Krimm verlegt.

Michael Blandow gründete 1789 einen Garten zu St. Petersburg, der um 1799 viele sehr seltene Gewächse umschloss.

Der Kaiserliche botanische Garten zu Wilna wurde im 18. Jahrhundert gegründet. Gegenwärtig Direktor: Gorski.

Dem Kaiserlichen botanischen Garten zu Charkow steht gegenwärtig als Direktor vor: Tschernäjew.

Ein Kaiserlicher Garten besteht zu Tobolsk.

Dem Kaiserlichen Apothekergarten zu Lubny steht gegenwärtig vor: Jakob Lund.

Der Kaiserliche Garten zu Gatschina wurde von Kaiser Paul I. gestiftet, später aber nach Pawlowsk verlegt.

Graf Alexis Rasumoffski gründete einen reichen

botanischen Garten zu Gorenki bei Moskau, welcher 1822, beim Tode seines Gründers, einging.

Der Kaiserliche botanische Garten zu Dorpat wurde 1802 eingerichtet. Gegenwärtig Direktor: Alexander von Bunge.

Der Kaiserliche botanische Garten zu Krzemeniec wurde vom Prof. Scheidt angelegt, und soll nach Kiew verlegt werden.

Dem Kaiserlichen botanischen Garten zu Kasan steht gegenwärtig als Direktor vor: Peter Kornuch Trozky.

Dem Kaiserlichen botanischen Garten zu Moskau steht gegenwärtig als Direktor vor: Alexander Fischer von Waldheim.

Ein Kaiserlicher ökonomisch-botanischer Garten besteht zu Pensa unter Leitung von Magsig.

Ein Kaiserlicher ökonomisch-botanischer Garten findet sich zu Poltawa.

Ein Kaiserlicher ökonomisch-botanischer Garten besteht zu Jekatherinoslawl.

Dem Kaiserlichen ökonomisch-botanischen Garten zu Odessa steht als Direktor vor: von Nordmann.

Ein Kaiserlicher Garten besteht zu Kischeneff.

Dem Kaiserlichen botanischen Garten zu Tiflis steht als Direktor vor: Alphons von Schoultz.

Der Kaiserliche Garten zu Jelagin, früher ein gräflich Orlowscher, steht unter Buck.

Der Kaiserliche Garten zu Nikita wurde 1812

angelegt. Gegenwärtig Direktor: Nikolaus von Hartwiss.

Dem Kaiserlichen Garten in Kamtschatka stand bis vor Kurzem Rieder vor.

Zu Rio Janeiro bestand bis 1836 ein Kaiserlich-russischer botanischer Garten, ein Filialgarten des Kaiserlichen botanischen Gartens zu St. Petersburg. Jenem standen vor Riedel und Luschnath.

Ein Kaiserlicher botanischer Garten wird auch angelegt zu Kiew. Gegenwärtig Direktor: Besser.

Der Garten des Gymnasium illustre zu Mitau lag bisher ungenutzt; seit 1835 aber wird er eingerichtet. Er steht unter der Leitung von Engelmann.

Der Kaiserliche botanische Garten zu Helsingfors wurde nach dem Brande von Abo angelegt. Gegenwärtig Direktor: Sahlberg.

Der Kaiserliche botanische Garten zu Pawlowsk bei St. Petersburg steht gegenwärtig unter Weinmann.

Unter den Auspicien Ihrer Majestät, der Kaiserinn, hat die russische Gesellschaft der Gartenfreunde zu Moskau im Jahre 1835 einen Garten gegründet.

D. Schriften botanischen Inhalts, welche in Beziehung zur Flor oder zu den Botanikern Russlands stehen.

I. *Schriften, welche die Flor des ganzen russischen Kaiserreichs berücksichtigen.*

Johann Amman: Stirpium rariorum in Imperio rutheno sponte provenientium icones et descriptiones. Petrop 1739. (vidi).

Peter Simon Pallas: Flora rossica seu stirpium Imperii Rossici per Europam et Asiam indigenarum descriptiones et icones etc. tom. I. p. 1 et 2. Petrop. 1784 — 1788; ausserdem sind noch 26 Kupfertafeln vom 2ten Bande, aber ohne Text, vorhanden. Dasselbe Werk erschien ohne Kupfer zu Frankf. 1789. (vidi).

W. Sujew: Описаніе растеній Россійскаго Государства соч. Палласа. С. Петерб. 1786.

Johann Gottlieb Georgi: Geographisch-physikalische und naturhistorische Beschreibung des russischen Reichs, zur Uebersicht bisheriger Kenntnisse von demselben. 3 Theile (in 6 Bänden.) Königsb. 1797 — 1800. Hiezu Nachträge Königsb. 1802. (vidi).

Christian von Steven: Observationes in plantas rossicas et descriptiones specierum novarum, in

Mém. de la Soc. des Natur. de Mosc. V. p. 334—356; VII. p. 257—279 tab. 12—16; IX. p. 93—107 (vidi); ferner in: Bullet. de la Soc. des Natur. de Mosc. IV. p. 250—269 (vidi).

Karl Friedrich von Ledebour: Decades sex plantarum novarum in Imperio rossico indigenarum, in: Mém. de l'Académ. des Sc. de St. Pétersb. V. (1812) p. 514 seqq. (vidi).

Derselbe: Observationes botanicae in floram rossicam. Petrop. 1814 (mir gänzlich unbekannt).

Joseph Liboschitz: Enumeratio Fungorum, quos in nonnullis provinciis Imperii ruthenici observavit, in: Mém. de la Soc. des Natur. de Mosc. V. p. 75—83 (vidi).

J. Liboschitz und C. Bernh. Trinius: Tableau botan. des genres observées en Russie et disposées selon la méthode naturelle. Vien. 1810.

F. E. L. von Fischer: Zygophyllaceae. (St. Petersb. 1833). Bildet einen Theil des Prodromus Florae rossicae, welchen die Kaiserl. Akademie der Wissensch. zu St. Petersburg edirt. (vidi).

J. A. Weinmann: Hymeno-et Gastero-Mycetes, hucusque in Imperio rossico observatos recensuit. Petrop. 1836. Bildet einen Theil des Prodr. Fl. ross., welchen die Kaiserl. Akademie der Wissensch. zu St. Petersburg edirt. (vidi).

Derselbe: Enumeratio Gasteromycetum genuinorum hucusque in Imperio ruthenico observatorum, in: Linnaea IX. p. 403—416 (vidi).

Joh. Kaleniczenkow: Adumbratio Xeranthemorum hucusque in Rossiae detectorum limitibus, in: Bullet. de la Soc. des Natur. de Mosc. VII. p. 187 — 199.   (vidi).

II. *Schriften, welche über die Flor Sibiriens und der russischen Nordwestküste Amerika's handeln.*

Joh. Gottfr. Heinzelmann: Flora tartaricaOrenburgensis in itinere Mosqua Ufam, Ufa Orenburgum; exinde Baschkirtzorum Nagaiensiumque regiones in Sibiriam usque juxta Uralenses montes, per desertum Ufense et desertum Kirgis - Kasakorum et Kalmukorum anno 1736 recensita ab Ammano, Siegesbeckio, Gerbero, Schobero aliisque, cum locis natalibus (nach Karamyschef); MS. (enthält Pflanzen - Namen).

Joh. Georg Gmelin: Flora sibirica sive historia plantarum Sibiriae; tom. I et II auctore J. G. Gmelin. Petrop. 1747—1749; tom. III auctore J. G. Gmelin et editore S. G. Gmelin. Petrop. 1768; tom. IV. ex recensione S. G. Gmelin. Petrop. 1789; tom. V. (die Kryptogamen) MS. (vidi die 4 ersten Bände.)

Stephan Krascheninnikow: Описаніе земли Камчатки. С. Петерб. 1754 — 1755 (2te Ausgabe 1786) (vidi); auch englisch: The history of Kamtschatka and the Kurilski islands. Glocester 1764; und deutsch: Opisanie Semli Kamtschatki,

d. i. Beschreibung des Landes Kamtschatka, ver-
fasset von Stephan Krascheninnikow, 2 Theile.
St. Petersb. 1755, in einem Auszuge in engl. Spra-
che bekannt gemacht von Jakob Grieve, und 1764
herausgegeben von J. Jefferys, nun in das Deutsche
übersetzt von Joh. Tob. Köhler. Lemgo 1766 (vidi).

J. B. S.: Georg Wilh. Stellers Beschreibung von
dem Lande Kamtschatka, dessen Einwohnern,
deren Sitten etc. etc. herausgegeben von J. B. S.
Frankf. und Leipz. 1774. (vidi).

Georg. Wilh. Steller: Topographische und
physikalische Beschreibung der Behringsinsel, welche
im östlichen Weltmeer an der Küste von Kamtschatka liegt; in: Pallas Neue nord. Beiträge II.
p. 255 — 301. (vidi).

Derselbe: Consignatio plantarum rariorum, ab
urbe Mosqua, Tomsk urbem usque observatarum.
MS. (Nacktes Pflanzenverzeichniss)

Derselbe: Sylloge plantarum circa Tobolsk nascentium et aliarum in itinere per Rossiam observatarum. MS. (Nacktes Pflanzenverzeichniss)

Derselbe: Enumeratio plantarum a Lena usque
ad Mare ochotense observatarum. MS. (Nacktes
Pflanzenverzeichniss)

Derselbe: Catalogus plantarum in insula Berin-
gii observatarum anno 1742. MS. (Nacktes Pflanzenverzeichniss)

Derselbe: Catalogus plantarum intra sex horas
in parte Americae septentrionalis, juxta promon-

torium Eliae observatarum anno 1741 die 21 Julii, sub gradu latitudinis 59. MS. (Ein nacktes Pflanzenverzeichniss)

Derselbe: Mantissa plantarum minus aut plane non cognitarum. MS. (Ein nacktes Pflanzenverzeichniss)

Derselbe: Flora irkutensis. MS. (Ein nacktes Pflanzenverzeichniss)

Derselbe: Flora kamtschatica. MS. (Ein nacktes Pflanzenverzeichniss)

Jonas Halenius: Plantae rariores Camtschatcenses, in: Linn. Amoenit. acad. II. p. 306 — 334 (vidi).

Alexander von Karamyschew: Necessitas historiae naturalis Rossiae (cum Flora sibirica), in: Linn. Amoenit. acad. VII. p. 438 — 465 (vidi).

Peter Simon Pallas: Descriptiones plantarum Sibiriae peculiarium, in: Act. Academ. Sc. Petr. 1779. II. p. 247 — 272 (vidi).

Derselbe: Plantae novae ex herbario et schedis defuncti Botanici Johannis Sievers, in: Nov. Act. Academ. Sc. Petr. X (1792) p. 369 — 383 (vidi).

J. H. Rudolph: Dissertatio exhibens novissimas plantas Sibiriae orientalis, in: Mém. de l'Académ. des Sc. de St. Pétersb. IV. (1811) p. 339 seqq. tab. 2 — 3 (vidi).

Patrin: Florula barnaulensis. MS. (vidi). (Ein nacktes Pflanzenverzeichniss)

Erich Laxmann: Novae plantarum species, in:

Nov. Comment. Academ. Sc. Petr. XV. (1770) p. 553 — 564.   (vidi).

Derselbe: Descriptionum plantarum sibiricarum continuatio; l. c. XVIII (1773) p. 526 — 536 (vidi).

Friedriech von Stephan: Plantae novae Sibiriae; in: Mém. de la Soc. des Natural. de Mosc. II. p. 6 — 9. tab. 3 — 4.   (vidi).

Friedr. Gust. Helm: Plantae novae Sibiriae; in: Mém. de la Soc. des Natural. de Mosc. II. p. 106 — 107. tab. 8 (vidi).

Mich. F. Adams: Descriptiones plantarum minus cognitarum Sibiriae praesertim orientalis etc. , in: Mém. de la Soc. des Natural. de Mosc. V. p. 89 — 116; IX. p. 231 — 252.   (vidi).

Redowsky: Sur quelques plantes de Sibérie; in: Mém. de la Soc. des Natural. de Mosc. I. p. 67 — 96.   (vidi).

Langsdorff: Remarques sur le Kamtchatka; in: Mém. de la Soc. des Natural. de Mosc. III. p. 97 — 102.   (vidi).

F. E. L. von Fischer: Descriptio plantarum rariorum Sibiriae; in: Mém. de la Soc. des Natural. de Mosc. III. p. 56 — 82. tab. 9 — 13 (vidi).

Adalb. von Chamisso und Dietr. von Schlechtendal: De plantis in expeditione speculatoria Romanzoffiana observatis rationem dicunt; in: Linnaea I — X. Handelt über viele nordwestamerikanische und kamtschatkische Pflanzen. (vidi).

Adalb. von Chamisso: Bemerkungen und

Ansichten auf einer Entdeckungsreise etc. auf dem Schiffe Rurik unter dem Befehl des Lieut. Otto von Kotzebue. Weimar 1821. Handelt p. 155—178 über Kamtschatka, die aleutischen Inseln und die Behringsstrasse. (vidi).

William Jackson Hooker und G. A. W. Arnott: The botany of Capitain Beechey's Voyage. London 1831. Handelt p. 111—120 über die Pflanzen Kamtschatka's, und p. 120—134 über die Pflanzén des Kotzebuesundes. (vidi).

Adolph Erman: Verzeichniss von Thieren und Pflanzen, welche auf einer Reise um die Erde gesammelt wurden. Berlin 1835. Die Pflanzen, meist aus Kamtschatka, werden p. 53—64 abgehandelt. (vidi).

Karl Friedr. von Ledebour, Carl Anton Meyer und Alex. von Bunge: Flora altaica. Berol. 1829—1833. 4 tom. cum indice. (vidi).

Karl Friedr. von Ledebour Icones plantarum novarum vel imperfecte cognitarum floram rossicam, imprimis altaicam, illustrantes. Centur. V. Rigae, Londini, Parisiis et Argentor. 1829—1834. (vidi).

Alex. von Bunge: Verzeichniss der im Jahre 1832 im östlichen Theile des Altai-Gebirges gesammelten Pflanzen; in: Mém. de l'Académ. des Sc. de St. Pétersb. Wird auch besonders abgedruckt werden. (vidi).

Heinrich Mertens: Bericht über eine Excursion auf den Gipfel des Werstowoi bei Neu-Archangel im Norfolksund; in: Linnaea 1829 p. 58 — 73 (vidi).

Derselbe: Bemerkungen über die Floren der Koragins-Inseln und eines Theiles des Landes der Behringsstrasse; in: Linnaea V. p. 60 — 71 (vidi).

Chr. Fr. Lessing: Beitrag zur Flora des südlichen Ural und der Steppen; in: Linnaea IX. (1834) p. 145 — 213 (vidi).

Tausch: Diagnoses plantarum minus cognitarum e Flora sibirica Gmelini; in: Botan. Zeitung 1828. II. p. 481 — 488. (vidi)

H. G. von Bongard: Observations sur la végétation de l'île de Sitcha; in: Mém. de l'Académ. des Sc. de St. Pétersb. Vme Serie; Sc. mathem. etc. II. (1833) p. 119 seqq. (vidi).

von Gebler: Uebersicht des Katunischen Gebirges. MS. (Vergl: Bullet. scientif. de l'Académ. des Sc. de St. Pétersb. I. No. 14. p. 102 — 104, et No. 15. p. 110 — 111).

III. *Schriften, welche über die Flor des Kaukasus und der transkaukasischen Länder handeln.*

Joseph Pitton de Tournefort: Corollarium Institutionum rei herbariae. Parisiis 1703.

Gottlob Schober: Memorabilia rossico-asiatica seu observationes physicae, medicae, botanicae, geographicae etc. in itinere e Russia ad mare

Caspium, jussu Monarchae sui, facto, collectae. Inquisitiones item in quarumdam aquarum mineralium naturam, nec non variorum populorum linguae nondum cognitae, nec descriptae. MS. mit 60 Zeichnungen. Ein Auszug hiervon steht in: Müllers Sammlung russ. Geschichte. VII. p. 4—154 und p. 531—546.

Joh. Christ. Buxbaum: Plantarum minus cognitarum Centuria I complectens plantas circa Byzantium et in oriente observatas, Petrop. 1728; Cent. II. 1728; Cent. III. 1729; Cent. IV. 1739; Cent. V. 1740. (vidi).

Joh. Jakob Lerche: Flora persica, in confinibus maris caspii, MS. (nach Karamyschew).

Joh. Anton Güldenstädt: Beschreibung der kaukasischen Länder. Aus seinen Papieren gänzlich umgearbeitet etc. von Julius Klaproth. Berlin 1834. (vidi).

Fr. Aug. Marschall von Bieberstein: Tableau des provinces situées sur la côte occidentale de la mer caspienne entre les fleuves Terek et Kour. St. Pétersb. 1798 (vidi); erschien später vermehrt als: Beschreibung der Länder zwischen den Flüssen Terek und Kur am kaspischen Meere. Frankf. a. M. 1800. (vidi).

Derselbe: Flora taurico-caucasica. tom. I et II. Chark. 1808; Supplem. Chark. 1819 (vidi).

Derselbe: Centuria plantarum rariorum Rossiae meridionalis praesertim Tauriae et Caucasi. Pars I.

Chark. 1810; Partis II. decas prima, Petrop. 1832 (vidi).

Derselbe: Stirpium quarumdam Caucasi rossici et planitierum illustratio botanica. MS.

Adam: Decades quinque novarum specierum plantarum Caucasi et Iberiae; in: Beiträge zur Naturkunde von Weber und Mohr. 1805.

Georg Franz Hoffmann: Descriptiones plantarum Iberiae nondum cognitarum; in: Comment. Physico-med. Mosq. I. p. 38 — 48. (vidi).

Derselbe: Pentas plantarum rariorum Iberiae; l. c. I. p. 3 — 11. (vidi).

Christ. von Steven: Decas plantarum nondum descriptarum Iberiae et Rossiae meridionalis; in: Mém. de la Soc. des Natur. de Mosc. II. p. 173—183, tab. 15. (vidi).

Derselbe: Catalogue des plantes rares ou nouvelles, observées pendant un voyage autour du Caucase oriental; l. c. III. p. 244 — 270, IV. p. 49 — 72. (vidi).

Derselbe: Observationes in Saxifragas taurico-caucasicas; l. c. IV. p. 73 — 82. (vidi).

Carl Anton Meyer: Verzeichniss der Pflanzen, welche 1829 — 1830 im Kaukasus und in den Provinzen am westlichen Ufer des caspischen Meeres eingesammelt worden sind. St. Petersb. 1831. (vidi).

R. Fr. Hohenacker: Enumeratio plantarum in territorio Elisabethpolensi et in provincia Karabagh sponte nascentium; in: Bullet. de la Soc. des Natural. de Mosc. VI. p. 210 — 261. (vidi).

Karl Belanger und Bory de Saint Vincent: Voyage aux Indes-orientales par le nord de l'Europe, les provinces du Caucase, la Géorgie etc. pendant les années 1825 — 1829. Section botanique. Hiervon sind bereits 4 Hefte erschienen. (vidi).

Eduard Eichwald: Plantarum novarum vel minus cognitarum, quas in itinere caspio-caucasico observavit fasc. I et II. Vilnae et Lipsiae 1831 — 1833. (vidi).

A. von Nordmann (K. F. von Ledebour): Vorläufige Diagnosen einiger während einer naturwissenschaftlichen Reise im westlichen Theile der Kaukasischen Provinzen entdeckten und als neu erkannten Pflanzenspecies; in: Bullet. scientif. de l'Acad. Impér. d. Sc. de St. Pétersb. II. No. 20. p. 311 — 314. (vidi).

IV. *Schriften, welche über die Flor des westlichen Russlands handeln.*

Markus Urzedova (nach Anderen: Zeodora von Unzendorf): Herbarz Polski. Krakow 1595.

Gabriel Rzaczynski: Historia naturalis curiosa regni Poloniae, Magniducatus Lituaniae, annexarumque provinciarum etc. etc. Sandomiriae 1721; Auctuarium. Ged. 1736 (vidi, mit Ausnahme des Auctuarium).

Christ. Heinr. Erndtel: Warsowia physica illustrata. 1730; wird auch citirt als: Viridarium Warsawiense, sive Catalogus plantarum circa Warsowiam crescentium. Dresdae 1730.

Joh. Eman. Gilibert: Flora lithuanica inchoata. Pars I et II. Grodn. et Vilnae 1781—1782.

Derselbe: Chloris Grodnensis. 2 tom. Grodn. 1781; Supplem. Vilnae 1782.

Derselbe: Plantae lithuanicae cum lugdunensibus comparatae. 2 Vol. 1792.

B. S. Jundzil: Opisanie roslin w Prowincyi Litewskiego naturalnie. Wilno 1811.

W. S. J. G. Besser: Primitiae florae Galiciae austriacae utriusque. 2 vol. Vindob. 1809. (vidi).

Derselbe: Enumeratio plantarum hucusque in Volhynia, Podolia, Gub. Kioviensi, Bessarabia cis-Tyraica et circa Odessam collectarum. etc. Viln. 1822. (vidi).

Derselbe: Bemerkungen über H. Prof. Eichwalds naturhistorische Skizze von Lithauen, Volhynien und Podolien; in: Regensb. botan. Zeitung 1832. Beiblätter. p. 1—55. (vidi).

Derselbe: Aperçu de la géographie physique de Volhynie et de Podolie; in Mém. de la Soc. des Natural. de Mosc. VI. p. 185—212. (vidi).

Derselbe: Pflanzen um Wilna; in: Bot. Zeitung 1821. II. p. 683. (vidi).

Wolfgang gab Mehreres über die Flor Lithauens in: Pamietnik farmaceutyczny Wilenski. Wilno

1820—21; und in: Dziennik Medycyny etc. Wilno 1820 — 1821.

v o n S c h r a n c k : Plantae ucranicae descriptae; in: Botan. Zeitung 1822. II. p. 641 — 647. (vidi).

E d u a r d   E i c h w a l d : Naturhistorische Skizze von Lithauen, Volhynien und Podolien. Wilna. 1830. (vidi).

V. *Schriften, welche über die Flor des mittlern und südlichen Russlands handeln.*

G o t t l.   S c h o b e r : Vegetabilia circa Metropolin Moscuam et in ejus territorio sponte crescentia, ordine alphabetico, anno 1736. MS. (nach Karamyschew).

J o h.   G o t t f r.   H e i n z e l m a n n : Flora samarensis tatarica seu plantae, quas circa Samaram urbem et fluvium anno 1737 observavit; et collegit secundum methodum Rivini digesta a Gerbero. MS. (nach Karamyschew).

T r a u g o t t   G e r b e r : Flora mosquensis. MS.

D e r s e l b e : Index botanicus tetraglottus. MS.

D e r s e l b e : Flora volgensis seu plantae ad fl. Volgam, in desertis circa Simbirsk, Samara, Sarätow, Zarizyn, et in reditu per tractum Tanaënsium Kosaccorum et deserta Tamboviensia observatae. MS.

D e r s e l b e : Flora Tanaënsis seu conspectus plantarum in desertis Voronicensibus, Tavroviensibus el aliis collectarum et siccatarum. 1741. MS. Karamyschew citirt diese Arbeit unter folgendem

Titel Flora tanaiensis per provinciam Woronesch et Taurow ad Tanain majorem, item per tractum Belogrodiense ad Tanain minorem, cum locis natalibus. MS.

Johann Jakob Lerche: Descriptio plantarum Astrachanensium. MS.

Karl Ludwig Hablizl: Физическоё описаніе Таврической области, по ея мѣстоположенію и по всѣмъ тремъ царствамъ природы. С. Петерб. 1785. (vidi); auch in's Deutsche übersetzt von Gluckenberger: Physikalische Beschreibung der Stadthalterschaft Taurien. 1789.

Peter Simon Pallas: Tableau physique et topographique de la Tauride. St. Pétersb. 1794; auch in: Nov. Act. Academ. Sc. Petr. X. (1792) p. 257—302. (vidi). Wurde auch in's Russische und in's Deutsche übersetzt.

Derselbe: Catalogue des espèces de végétaux spontanées, observées en Tauride; in: Nov. Act. Academ. Sc. Petr. X. (1792) p. 303—320. (vidi).

Friedr. Stephan: Enumeratio stirpium agri Mosquensis. Mosquae 1792. (vidi).

Derselbe: Icones plantarum mosquensium. Decas 1 et 2. Mosq. 1795.

F. W. Londes: Note de quelques plantes, qui croissent aux environs de Gorenki, et qui n'y sont point encore observées; in: Mém. de la Soc. des Natural. de Mosc. I. p. 85—87, et p. 247 (edit. prim. p. 113 et 282) (vidi).

H. Martius: Prodromus Florae mosquensis. Edit. alt. cum calendario florescentiae plantarum et indice completo. Lips. 1816.

J. Henning: Observationes de plantis tanaicensibus; in: Mém. de la Soc. des Natural. de Moscou. VI. p. 61 — 93 (vidi).

A. M. Tauscher: Notices sur les steppes de la Russie en général, et particulièrement sur celles entre le Volga et l'Oural; in: Mém. de la Soc. des Natural. de Mosc. IV. p. 213 — 235 (soll hier zu finden sein, ist aber nicht da).

Karl Friedrich von Ledebour: Plantae novae Rossiae meridionalis ex Asperifoliarum familia; in: Panders Beiträge zur Naturkunde. p. 62—74 (vidi).

F. M. S. V. Höfft: Catalogue des plantes, qui croissent spontanément dans le district de Dmitrieff sur la Svapa dans le gouvernement de Koursk. Mosc. 1826; mit dem zweiten Titel: Каталогъ дико-растущихъ растеній, находящихся въ Дмитревскомъ уѣздѣ что на Звапѣ, Курской губерніи, изд. Ф. М. С. В. Гефтомъ Москв. 1826 (vidi).

Karl Ludwig Goldbach: Spicilegium Florae mosquensis; in: Mém. de la Soc. des Natural. de Mosc. V. p. 117 — 141. (vidi).

Tychon Uspensky: Descriptio urbis Ekatherineburgensis ejusque districtus medico-topographica; in: Bullet. de la Soc. des Natural. de Mosc.

VII. p. 331—386. (Handelt über Pflanzen p. 367—385). (vidi).

Michail Maximowitsch: Список растеній Московской Флоры; in: Двигубскій Нов. Магаз. естеств. истор. 1826. VII. p. 203—224; XI. p. 215. (vidi).

Johann Dwigubski: Московская Флора. Москв. 1828 (vidi).

Derselbe: Легкій способъ распознавать дикорастущія на поляхъ Московскихъ растенія. Москв. 1827.

Eduard Eichwald: Botanische Bemerkungen über einige zweifelhafte Bäume Herodots im südöstlichen Russland, und über das Pfeilgift der Soanen im Kaukasus, nach Strabo. MS.

VI. *Schriften, welche über die Flor des nördlichen Russlands handeln.*

Elias Tillands: Catalogus plantarum tam in excultis, quam incultis locis prope Aboam superiori aestate nasci observatarum. Aboae 1673 — 1683 erschien eine zweite Ausgabe: additis usitatioribus suecicis et fennicis nominibus, cum brevi virtutum recensione.

Derselbe: Plantarum icones novae in usum selectae, et Catalogo plantarum promiscue appensae. Aboae 1683.

Johann Georg Weygand: Von dem kurländischen Birkenbaum und denen daselbst befindlichen Birk-Hühnern und deren Fang; in: Breslauer Sammlungen von Natur- und Medicin.- etc. Geschichten, von Kanold und Kundmann, 34ter Versuch (Bd. IX.) p. 527 — 544.

Joh. Christ. Buxbaum: Observationes circa quasdam plantas ingricas; in: Comment. Academ. Sc. Petr. III (1728.) p. 270 — 273. (vidi).

Joh. Browall gab in MS. eine Flor von Finnland, welche noch 1758 vorhanden war.

Peter Kalm: Förtekning pa nagra inhemska Förgegräs; in: Act. Reg. Academ. Sc. Holm. VI. p. 243 — 253.

Wilhelm Granlund: Florae fennicae pars prior. Aboae 1765. (vidi).

Joh. Gust. Justander: Specimen Calendarii Florae et Faunae Aboënsis. Aboae 1786. (vidi).

David von Gorter: Flora ingrica ex schedis Stephani Krascheninnikow confecta et propriis observationibus aucta. Petrop. 1761. (vidi).

Gregor Sobolewski: Flora Petropolitana. Petr. 1799. (vidi).

Derselbe: Санктпетербургская Флора. С. Петерб. 1801 — 1802. 2 част. (vidi).

Johann Gottl. von Groschke handelt über die Pflanzen Kurlands in: Beschreibung der Provinz Kurland. Mitau 1805. p. 55 — 176 (herausgegeben von Peter Ernst von Keyserlingk und Ernst von Derschau).

David Heinrich Grindel: Botanisches Taschenbuch für Liv-Kur- und Esthland. Riga 1803. (vidi).

E. W. Drümpelmann: Flora livonica oder
Abbildung und Beschreibung der in Livland wildwachsenden Pflanzen. 10 Hefte. Riga 1809—1810.
(vidi).

Aug. Wilh. Hupel: Von Färbekräutern, welche im rigischen Gouvernement gefunden werden;
in: Russische Abhandlungen der ökonomischen
Gesellschaft zu St. Petersburg Bd. 39. p. 85 seqq.

Joh. Jakob Ferber: Anmerkungen zur phy-
sischen Erdbeschreibung von Kurland (als Anhang
zu Fischers Naturgeschichte von Livland p.
209—305).

J. B. Fischer: Versuch einer Naturgeschichte
von Livland. Leipzig 1778; hiezu Zusätze 1784,
und eine 2te Auflage 1791. (vidi). — Ein Auszug
davon findet sich in: Hupels topogr. Nachricht.
von Liv-und Esthland. II. p. 428—544.

Otto Friedr. von Pistohlkors: Botanisches
Namensverzeichniss der in Livland einheimischen
Holzarten; in: Nord. Miscellan. XVII. p. 172—182.

Wilh. Christ. Friebe: Oekonomisch-techni-
sche Flora für Livland, Kurland und Esthland.
Riga 1805.

Joh. Wilh. Ludw. von Luce: Topographische
Nachrichten von der Insel Oesel. Riga 1823.
(vidi). Auch unter dem Titel: Prodromus Florae

osiliensis etc. Hiezu ein Nachtrag nebst Register. Reval 1819.

Graf von Bray: Skizze der Pflanzenwelt in Livland; in: Jahresverhandlungen der kurländ. Gesellschaft für Literat. und Kunst. II. p. 94—100.

Derselbe beschreibt mehrere livländische Pflanzen in den Schriften der Regensburger botanischen Gesellschaft.

J. G. Fleischer: Systematisches Verzeichniss der in den Ostseeprovinzen bis jetzt bekannt gewordenen Phanerogamen. Mitau 1830. (vidi); auch in: Bullet. de la Soc. des Natural. de Mosc. l. p. 74—102 (vidi); und in: E. Chr. von Trautvetter, die Quatember. (vidi).

Andreas von Löwis: Ueber die ehemalige Verbreitung der Eichen in Liv- und Esthland. Dorpat 1824. (vidi).

Derselbe: Verschiedene Beobachtungen, die Witterung und die Entwickelung der Pflanzen in Livland betreffend; in: Neueres ökonom. Repertor. für Livland. III. 3. p. 291—366.

E. R. von Trautvetter: De Salicibus livonicis; in: Mém. de la Soc. des Natural. de Mosc. VIII. p. 361—384 (vidi).

C. B. von Trinius und Joseph Liboschitz: Flore des environs de St. Pétersbourg et de Moscou, tome I. St. Pétersb. 1811 (vidi).

Dieselben: Description des Mousses, qui croissent

aux environs de St.-Pétersbourg. 1re livrais. St.-Pétersb. 1811.

Nikolaus Schtscheglow (v. Turczaninow:) Ueber die Flor von Petersburg; in: St. Petersburger Zeitung 1824, Julius p. 111.

J. A. Weinmann: Ueber das merkwürdige Vorkommen und Verschwinden einiger Pflanzenarten in der Umgegend von Pawlowsk und Gatschina; in: Linnaea X. p. 221—224. (vidi).

Derselbe: Descriptiones nonnullarum plantarum vel novarum vel minus cognitarum, quas in Ingria observavit; in: Linnaea X. p. 51—56 (vidi).

Derselbe: Species Violae L. in Ingria observatas describit; in: Linnaea X. p. 65—68 (vidi).

Derselbe hat eine Uebersicht der Flor von St. Petersburg geliefert, welche jetzt unter der Presse ist.

K. Levinin: Рисунки С. Петербургской Флоры. С. Петерб. 1836. (vidi). Es sind bereits 3 Hefte erschienen.

J. B. Longmite: Verzeichniss der um Petersburg vorkommenden Pflanzen; in: Annals of philosophy. 1823. p. 191—197.

Laurentius Joh. Prytz und Hartwall: Florae fennicae breviarium. Abo. 1821.

Jakob Fellmann: Index plantarum phanerogamarum in territorio Kolaënsi lectarum; in: Bullet. de la Soc. des Natural. de Mosc. III. p. 299—328 (vidi).

D e r s e l b e : Index plantarum in Lapponia fennica lectarum; l. c. VIII. p. 245 — 289. (vidi).

T u r c z a n i n o w gab Beiträge und Berichtigungen zur Flor von Petersburg im: Указатель открытій. 1825. No. 5.

F o r t u n a t o w : Исчисленіе растеній дикорастущихъ въ Вологодскомъ уѣздѣ; in: Двигубскій, Нов. Магаз. естеств. истор. 1826. No. XI. p. 207 — 215 (vidi).

R u d o l p h R i c h t e r : Versuch einer medicinischen Topographie der Gouvernements- und Hafen-Stadt Archangelsk. Dorpat 1828. (vidi).

VII. *Schriften russischer Botaniker, welche über die Flor fremder Länder handeln.*

J o h . C h r i s t. B u x b a u m : Enumeratio plantarum accuratior in agro halensi locisque vicinis crescentium etc. etc. Halae Magdeb. 1721. (vidi).

C h r i s t. H e i n r. E r n d t e l gab eine Aufzählung der um Karlsbad wachsenden Pflanzen in: Act. Natur. Curios. III. app. p. 135 seqq.

J o h . L e c h e und K a r l J o h. E n n e s : Disputatio medico-botanica exhibens Primitias Florae Scanicae. Londini Gothor. 1744.

J o h . L e c h e : Förtekning öfver de rareste Wäxter i Scåne; in: Act. Acad. Sc. Holm. V. (1744) p. 261 — 285; und in: Analect. transalp. l. p. 331 — 346.

Derselbe: Flora succica. MS. (in der Bibliothek zu Stockholm).

Esaias Hollberg: Norra Amerikanska Färge-Oerter. Abo 1763. (vidi).

Peter Kalm: Förtekning på några rara Oerter funda i Bohus Län 1742; in: Act. Academ. Sc. Holm. IV (1743) p. 105 — 112; und in: Analecta transalp. I. p. 251 — 254.

Andreas Dahl: Horologium Florae omkring Scara; in: Patriotiska Sällsk. Haushållnings-Journal: 1790. May und Junius.

Derselbe zählt die Pflanzen auf, welche zwischen Götheburg und Bahus wachsen, in: Trangrums-Acten etc. Stockh. 1784. p. 18 — 63.

David von Gorter: Flora gelro-zutphanica. Harderov. 1745.

Derselbe: Flora VII provinciarum Belgii foederati indigena. Lugd. Batav. 1781. (vidi).

Georg Forster und Joh. Reinh. Forster: Characteres generum plantarum, quas in itinere ad insulas maris australis collegerunt etc. annis 1772 — 1775. Londini 1776 (vidi).

Derselbe: Florulae insularum australium prodromus. Gött. 1786. (vidi).

Derselbe: De plantis esculentis insularum Oceani australis commentat. botan. Berol. 1786. (vidi).

Derselbe: Fasciculus plantarum magellanicarum; in: Comment. Soc. Sc. Götting. IX. (1787—1788) p. 13 — 45 (vidi).

Derselbe: Plantae atlanticae ex insulis Madeira, St. Jacobi adscensionis etc.; l. c. p. 46 — 74. (vidi).

Joh. Gerh. König: Beschreibung aller ostin-dischen Monandristen; in: Retz observ. botan. fasc. III. (1789).

Derselbe: Descriptiones Epidendrorum in India orientali factae; l. c. fasc. VI. (1791).

Derselbe: Enumeratio stirpium in Islandia sponte nascentium; in: Nov. Act. Academ. Natur. Curios. IV. p. 203 — 215.

F. W. Londes: Verzeichniss der um Göttingen wildwachsenden Pflanzen. Gött. 1805. (vidi).

Georg Franz Hoffmann: Deutschlands Flora, oder botanisches Taschenbuch für die Jahre 1791 — 1804. Erlangen. (vidi).

Derselbe: Observationes botanicae. Erlang. 1787 (vidi).

Derselbe: Compendium Florae germanicae. Norimb. 1825.

Derselbe: Compendium Florae britannicae auc-tore Smith, in usum Florae germanicae. Erl. 1801.

Derselbe: Vegetabilia in Hercyniae subterraneis collecta etc. Norimb. 1811. (vidi).

W. G. Tilesius: Naturhistorische Früchte der ersten Kaiserl. russischen unter Krusenstern voll-brachten Erdumseegelung. Petersb. und Leipz. 1813.

Friedr. Wilh. Radloff: Beskrifning öfver Norra Delen af Stockholms Län. Upsala 1804 — 1805. 2 Bde.

K. Fr. Wilh. Cruse: Specimen inaugur. botanicum de Rubiaceis capensibus, praecipue de genere Anthospermo. Berol. 1825.

J. Fr. Eschscholtz: Descriptiones plantarum Novae Californiae; in Mém. de l'Académ. des Sc. de St. Pétersb. X. (1821—1822) p. 281 seqq. (vidi).

Carl Friedr. von Ledebour und Joh. Patric. Adlerstam: Dissertatio botanica sistens plantarum Domingensium decadem. Gryphiae 1805. (vidi).

Alexander von Bunge: Enumeratio plantarum, quas in China boreali collegit anno 1831; in: Mém. de l'Académ. des Sc. de St. Pétersb. (vidi).

Derselbe: Plantarum mongholico-chinensium decas prima. Casani 1835; mit dem 2ten Titel: Описанїе новыхъ родовъ и видовъ кипанскихъ и моигольскихъ расшенїй. Десяшокъ первый. Казань 1835; auch in: Ученыя запцски der Kasaner Universität abgedruckt. (vidi).

Nikol. von Turczaninow: Decades tres plantarum novarum Chinae borealis et Mongoliae chinensis incolarum; in: Bullet. de la Soc. des Natural. de Mosc. V. p. 180—206. (vidi).

Derselbe: Enumeratio plantarum, quas in China boreali legit et mihi communicavit cl. Medicus Porphyrius Kirilow; (wird gegenwärtig gedruckt für das Bullet. de la Société des Natur. de Mosc.).

H. G. von Bongard: Essai monographique sur

les èspèces d'Eriocaulon du Brésil; in: Mém. de l'Académ. des Sc. de St. Pétersb. VIme Serie, Sc. mathem. etc. I. (1831) p. 601 seqq. et II. (1833) p. 219 seqq. (vidi).

Derselbe: Bauhiniae et Pauletiae species brasilienses novae; in: Mém. de l'Académ. Imp. des Sc. de St. Pétersb. 1836. tom. IV. (vidi).

Derselbe: Genera duo e Melastomaccarum ordine nova; in: Mém. de l'Académ. Imp. des Sc. de St. Pétersb. 1836. tom. IV. (vidi).

Derselbe: Quatuor plantae brasilienses novae iconibus illustratae; in: Bullet. scientif. de l'Académ. des Sc. de St. Pétersb. I. No. 15. p. 115 — 116. (vidi).

Carl Bernhard von Trinius: Graminum in America calidiore ab E. Poeppig lectorum pugillus primus; in: Linnaea X. p. 291 — 308. (vidi).

VIII. *Schriften russischer Botaniker, in denen Pflanzen beschrieben werden, ohne Bezug auf eine besondere Flor.*

Lönnwallius: Dissertatio de Platano. Aboae 1695.

Hasselquist: Dissertatio de dendrologia. Aboae 1698. (hujus loci?)

Laurent. Brodin: Dissertatio de Trifolio aquatico. 1724 (Nach Anderen soll diese Dissertation herstammen von Peter Elfwing).

Johann Georg Weygand: Ribes botryformes, oder Johannisbeeren wie Weintrauben gewachsen; in: Breslauer Sammlungen von Natur- und Medicin.- etc. Geschichten von Kanold und Kundmann, im 29. Versuch (Bd. VIII) p. 68 — 69.

Derselbe: Vom Tannenbaum; l. c. im 4. Supplement p. 31 — 35.

Joh. Christ. Buxbaum: Nova plantarum genera; in: Comment. Academ. Sc. Petr. I. (1726) p. 241 — 245; II. (1727) p. 343 — 347 (vidi).

Derselbe: Plantae dubiae ad sua genera relatae; l. c. II. (1727) p. 369 — 371. (vidi).

Derselbe: De Periclymeno humili norvegico; l. c. III. (1728) p. 268 — 270 (vidi).

Derselbe: De Ocymophyllo; l. c. IV. (1729) p. 277 — 278 (vidi).

Derselbe: De fungoidibus pediculo donatis; l. c. IV. (1729) p. 281 — 283 (vidi).

Joh. Georg Siegesbeck: Propemptium medicobotanicum de Majanthemo Lilium Convallium officinis vulgo nuncupato. etc. (Petrop. 1736) (vidi).

Derselbe: Programma medico-botanicum de Tetragono Hippocratis etc. Petr. 1737 (vidi).

Joh. Browallius (praeside): Dissert. de Convallariae specie vulgo Lilium Convallium dict. Aboae 1741; pars II. 1744.

Peter Kalm (praeside) Dissertatio de Erica vulgari et Pteride aquilina. Aboae 1754.

Joh. Amman De Meliloto siliqua membranacea compressa; in: Commentar. Academ. Sc. Petrop. VIII. (1736) p. 209 — 210. (vidi).

Derselbe: Quinque nova plantarum genera; l. c. VIII. (1736) p. 211 — 219. (vidi).

Derselbe De Alsinanthemo Thalii seu Trientali herba Joh. Bauh.; l. c. IX. (1737) p. 310—313. (vidi).

Derselbe: De Betula pumila, folio subrotundo; l. c. IX. (1737) p. 314 — 315. (vidi).

Derselbe: De Filicastro, novo plantarum genere, aliisque minus notis rariorum filicum speciebus; l. c. X. (1738) p. 278 — 302. (vidi).

Derselbe: De fungo insolitae magnitudinis observatio; l. c. XI. (1739) p. 304. (vidi).

Derselbe: Descriptio et icon novae Bermudianae speciei; l c. XI. (1739) p. 305 — 308. (vidi).

Derselbe Descriptio Cassiae americanae procumbentis, herbaceae, Mimosae foliis etc.; l. c. XII. (1740) p. 288 — 292. (vidi).

Derselbe: De Lapatho orientali, frutice humili flore pulchro Inst. R. II. Cor.; l. c. XIII. (1741—1743) p. 400 — 403. (vidi).

Steph. Krascheninnikow: Descriptiones rariorum plantarum; in: Nov. Comment. Academ. Sc. Petrop. I. (1747 — 1748) p. 375 — 384. (vidi).

Derselbe: De Acere foliis oblonge cordatis inaequaliter serratis; l. c. II. (1749) p. 285—288.

Karl von Linné: Nitraria, planta obscura

explicata; in Nov. Commentar. Acad. Sc. Petrop·
VII. (1758 — 9) p. 315 seqq. (vidi).

Joseph Gärtner: Observationes et descriptiones
botanicae; in: Nov. Comment. Academ. Sc. Petrop.
XIV. (1769) p. 531 — 547. (vidi).

Reinhold von Berens: Dissert. inaug. botanica
de Dracone arbore Clusii. Gött. 1770.

Karl Reginald Brander: Dissert. botanica de
Hippuride. Aboae 1786. (vidi).

Karl Ascholin Dissertatio botanica de Evony-
mo. Aboae 1786. (vidi).

Ulrich Pryss: Dissert. academ. de Asparago et
quibusdam hujus succedaneis. Aboae 1788.

Alexius Friedr. Laurell: Dissertatio botanica
de Tropaeolo. Aboae 1789. (vidi).

Heinrich Nelly: Dissert. botan. de Cichorio.
Aboae 1792. (vidi).

Joh. Christ. Hebenstreit: Alkekengi, calyce
profunde diviso, fructu sicco; in Nov. Comment.
Academ. Sc. Petrop. V. (1754—1755) p. 319—329.
(vidi).

Derselbe: Thlaspi, siliculis ellipticis etc., l. c. V.
(1754 — 1755) p. 330 — 337. (vidi).

Derselbe: Plantarum rariorum descriptiones
completae; l. c. VIII. (1760 — 1761) p. 315 seqq.
(vidi).

Pet. Sim. Pallas: De Chrysosplenio. Argent.
1758.

Derselbe: Novae species plantarum; in: Nov.

Act. Academ. Sc. Petrop. VII. (1789) p. 355—362. (vidi).

Derselbe: Species Astragalorum descriptae et iconibus coloratis illustratae. Cum appendice. Lipsiae 1800. (vidi).

Derselbe: Illustrationes plantarum imperfecte vel nondum cognitarum, cum centuria iconum. Lips. 1803. (vidi).

Samuel Gottlieb Gmelin: Observationes et descriptiones botanicae; in: Nov. Comment. Sc. Petrop. XII. (1766—1767) p. 508—521. (vidi).

Derselbe: Lychnanthos volubilis et Lymnanthemum peltatum: l. c. XIV. (1769) p. 525—530. (vidi

Derselbe: Historia Fucorum. Petrop. 1768. (vidi).

Iwan Lepechin: Quatuor Fucorum species descriptae; in: Nov. Comment. Academ. Sc. Petrop. XIX. (1774) p. 476—481. (vidi).

Derselbe: Iris Gueldenstaedtiana; in: Act. Academ. Sc. Petrop. 1781 I. p. 292—296. (vidi).

Derselbe: Nova species Menthae descripta; in: Nov. Act. Academ. Sc. Petrop. I. (1783) p. 336—338. (vidi).

Derselbe: Polygoni species nova; l. c. X. (1792) p. 414—418. (vidi).

Derselbe: Epilobii species nova; l. c. XI. (1793) p. 370—371 (vidi).

Derselbe: Senecionis species nova; l. c. XI. (1793) p. 400 — 402. (vidi).

Derselbe: Typha Laxmanni; l. c. XII (1794) p. 335 — 336. (vidi).

Derselbe: Cheiranthus tauricus; l. c. XIII. (1795 — 1796) p. 336 — 338. (vidi).

Derselbe: Symphyti asperi nova species descripta; l. c. XIV. (1797 — 1798) p. 442 — 444. (vidi).

Joh. Anton Güldenstädt: Krascheninnikowia; in: Nov. Comment. Academ. Sc. Petrop. XVI. (1771) p. 548 — 560. (vidi).

Joh. Peter Falk: Planta Alstroemeria; in: Linn. Amoenit. academ. VI. p. 247 — 262. (vidi).

Christen Aejmeläus (aus Finnland): Gladiolus. Upsal. 1784. (vidi).

Nikolaus Ozeretskowski: De Viburno Opulo; in: Nov. Act. Academ. Sc. Petrop. XV. (1799—1802) p. 452 — 457. (vidi).

J. H. Rudolph: Commentatio botanica in genus Ziziphora dictum; in: Nov. Act. Academ. Sc. Petrop. XV. (1799 — 1802) p. 468 — 472; Mém. de l'Académ. des Sc. de St. Pétersb. I. (1803 — 1806) p. 423. seqq.; II. (1807 — 1808) p. 307 seqq. (vidi).

Derselbe: Descriptio botanica novae speciei Myosotidis; in: Mém. de l'Académie des Sc. de St. Pétarsb. I. (1803 — 1806) p. 349 seqq. (vidi).

Derselbe: Descriptio botanica novae speciei Fumariae; l. c. I. (1803—1806) p. 379 seqq. (vidi).

P. Cibot: Descriptio Phalli quinquanguli seu

Fungi Sinensium Mo-ku-sin; in: Nov. Comment. Academ. Sc. Petrop. IX. (1774) p. 373—378. (vidi).

Erich Laxmann: Koelreuteria; in: Nov. Comtar. Academ. Sc. Petrop. XVI. (1771) p. 561—566. (vidi).

Derselbe: Planta novi generis alpina, Parnassiae affinis; in: Nov. Act. Academ. Sc. Petrop. VII. (1789) p. 241 — 242. (vidi).

Joh. Gottl. Kölreuter: Descriptio Fuci foliacei, frondibus fructificantibus papillatis; in: Nov. Commentar. Academ. Sc. Petrop. XI. (1765) p. 424 — 428. (vidi).

T. Smelowski: De plantis tetradynamis vulgo cruciformibus; in: Nov. Act. Academ. Sc. Petrop. XIV. (1797 — 1798) p. 470 — 502. (vidi).

Georg Forster: Vom Brodbaum. 1784 (ohne Druckort). (vidi).

Fr. von Stephan: Description de deux nouveaux genres de plantes; in: Mém. de la Soc. des Natural. de Mosc. I. p. 88 — 94. tab. 9 — 10 (edit. prim. p. 125 seqq.). (vidi).

Joh. Dwigubski: Руские Змѣеголовшки; in: Нов. Магаз. естеств. истор. издав. Ив. Двигубскимъ. 1825. VII. p. 149 — 160. (vidi).

Derselbe: Изображенія растеній. Москва 1828.

F. Hiltebrandt: Generis Dracocephali Monographia. Gött. 1805. (vidi).

F. W. Londes: Description d'une nouvelle espèce de Scandix; in: Mém. de la Soc. des Natural. de Mosc. I. p. 31 — 33. tab. 5. (edit. prim. p. 57 seqq.). (vidi).

J. Ch. G. Hermann: Description d'une nouvelle espèce de Poa; in: Mém. de la Soc. des Natur. de Mosc. III. p. 232. (vidi).

Fr. von Stephan: De Pediculari comosa. Lips. 1791.

Mich. Fr. Adams: Descriptio novæ speciei Azaleae; in: Mém. de l'Académ. des Sc. de St. Pétersb. II. (1807 — 1808) p. 332. tab. 14. (vidi).

Georg Franz Hoffmann: Descriptio et adumbratio plantarum e Classe cryptogamica Linnaei quae Lichenes dicuntur. Vol. I. Lips. 1790. (vidi).

Derselbe: Enumeratio Lichenum iconibus et descriptionibus illustrata. fas. I — IV. Erl. 1784. (vidi).

Derselbe: Plantae lichenosae. 3 vol. Lips. 1790 — 1796.

Derselbe: Vegetabilia cryptogamica. fasc. I—II. 1787 — 1790 (ohne Druckort). (vidi).

Derselbe: Historia Salicum iconibus illustrata. Vol. I. fasc. I — IV, et Vol. II. fasc. I. Lips. 1785 — 1791. (vidi).

Derselbe: Syllabus plantarum Umbelliferarum denuo disponendarum etc. Mosq. 1814.

Derselbe: Genera plantarum Umbelliferarum. Mosq. 1816 (edit. nov.). (vidi).

Gottfr. Alb. Germann: Beschreibung einer neuen Art der Gattung Valeriana; in: Regensb. botan. Zeitung f. d. Jahr 1805.

F. E. L. von Fischer und G. Langsdorff: Plantes recueillies pendant le voyage des Russes autour du monde, expédition dirigée par M. de Krusenstern. A Tubing. 1810. 1re partie. Icones Filicum. (vidi).

F. E. L. von Fischer: Description d'une espèce d'Elymus; in: Mém. de la Soc. des Natur. de Mosc. I. p. 25 — 26 (edit. prim. p. 45) tab. IV. (vidi).

Derselbe: Notice sur la Napoleonaca imperialis etc.; l. c. I. p. 65 — 66 (edit. prim. p. 92). (vidi).

Derselbe: Description de l'Arum seguinum. L.; l. c. l. p. 180 — 183 tab. XIV. (edit. prim. p. 213). (vidi).

Derselbe: Stevenia; l. c. V. p. 84 — 88. (vidi).

Derselbe: Genera plantarum duo (Adenophora et Gueldenstaedtia); l. c. VI. p. 163 — 174. tab. 19. (vidi).

Derselbe: Sur les fleurs d'Amomées; l. c. I. p. 249 — 251 (edit. prim. p. 284 — 287). (vidi).

Derselbe: Revision du genre Geum; l. c. II. p. 184 — 188. tab. XI. (vidi).

Derselbe: Notice sur une plante de la famille des succulentes (Joubarbes Sempervivae); l. c. II. p. 269 — 274. (vidi).

Derselbe: Sur l'organisation de la fleur du

Maranta arundinacea. L.; l. c. III. p. 49 — 55, tab. 8. (vidi).

Derselbe: Animadversiones de Astragalo novo ex Anthylloideorum tribu; in: Bullet. scientif. de l'Académ. des Sc. de St. Pétersb. II. No. 5. p. 74 — 76. (vidi).

F. E. L. von Fischer und C. A. Meyer: Lettre sur le genre Xeranthemum; in: Mém. de la Soc. des Natural. de Mosc. X. p. 325 — 345. (vidi).

Dieselben: Observations sur la famille naturelle des Elatinées etc.; in: Fête seculaire de Charles de Linné etc. Mosc. 1835. p. 19 — 27. (vidi).

F. E. L. von Fischer: Observationes de conformatione plantarum Scitaminearum, quae anno 1804 in horto Gorenkensi floruerunt; in: Comment. Soc. phys. méd. Mosq. I. p. 12 — 37. tab. 1 — 4. (vidi).

Fr. Aug. Marschall von Bieberstein Sur les genres Salsola, Anabasis et Polycnemum; in: Mém. de la Soc. des Natural. de Mosc. I. p.95—117 (edit. prim. p. 132 seqq.); IV. p. 1 — 25. (vidi).

Derselbe: Description d'une nouvelle espèce de Carex ou Laiche; l. c. II. p. 103 — 105. tab. 7. (vidi).

Derselbe: Description d'un nouveau genre de la famille des Amaranthées (Hablitzia); l. c. V. p. 21 — 26. (vidi).

Christ. von Steven Monographia Pedicularis;

in: Mém. de la Soc. des Natural. de Mosc. VI. p. 1 — 60. (vidi).

Derselbe: Alyssi rostrati et Erodii serotini descriptio; in: Mém. de l'Académie des Sc. de St. Pétersb. III. (1810 — 1811) p. 295. (vidi).

W. G. Tilesius: Musae paradisiacae, quae nuper Lipsiae floruit, icon. IV. Lips. 1772.

Derselbe: Cheirostemon platanoides Humboldti; in: Mém. de l'Académie des Sc. de St. Pétersb. V. (1812) p. 321 seqq. et p. 579 seqq. (vidi).

G. F. Kaulfuss: Enumeratio Filicum, quas in itinere circa terram legit C. A. de Chamisso. Lips. 1824. (vidi).

von Gingins: Description de quelques espèces nouvelles de Violacées reçues de M. Ad. de Chamisso; in: Linnaea I. (1826) p. 406 — 413. (vidi).

Heinrich Mertens: Bericht über verschiedene Fucus-Arten; in: Linnaea 1829 p. 43 — 58. (vidi).

Karl Friedr. von Ledebour: Ipomoea Krusensternii; in: Mém. de l'Acad. des Sc. de St. Pétersb. IV (1811) p. 401 tab. 8. (vidi).

Derselbe: Arundo Wilhelmsii; l. c. VI. (1813 — 1814) p. 593. (vidi).

Derselbe: Oenothera Romanzovii et stricta; l. c. VIII. (1817 — 18) p. 314. (vidi).

Derselbe: Monographia generis Paridum. Dorp. 1827. (vidi).

Karl Anton Meyer Novae plantarum species descriptae et iconibus illustratae; in: Mém. de la

Soc. des Natural. de Mosc. VII. p. 135 — 143, tab. 3 — 4. (vidi).

Derselbe: Bemerkungen über einige Hymeno-brych's-Arten; in: Bullet. scientif. de l'Académ. des Sc. de St. Pétersb. II. No. 3. p. 33—37. (vidi).

Derselbe: Beschreibung einer neuen Art der Gattung Catalpa; l. c. II. No. 4. p. 49—52. (vidi).

Alex. von Bunge: Conspectus generis Gentianae; in: Mém. de la Soc. des Natural. de Mosc. VII. p. 197 — 256. tab. 8 — 11. (vidi).

W. S. J. G. Besser: De Absynthio Gaertneri; in: Bullet. de la Soc. des Natural. de Mosc. I. p. 219 — 265. (vidi).

Derselbe: Tentamen de Abrotanis seu de sectione secunda Artemisiarum Linnaci; in: Mém. de la Soc. des Natural. de Mosc. IX. 3 — 92. (vidi).

Derselbe: Dissertatio de Seriphidiis; in: Bullet. de la Soc. des Natural. de Mosc. VII. p. 5 — 46. (vidi).

Derselbe: Dracunculi, seu de sectione quarta et ultima Artemisiarum Linnaci; in: Bullet. de la Soc. des Natural. de Mosc. VIII. p. 1 — 97. (vidi).

Derselbe: Enumeratio Artemisiarum illarum, quas non vidi etc.; l. c. VIII. p. 177—180. (vidi).

Derselbe: Supplementum ad synopsin Absynthiorum, tentamen de Abrotanis, dissert. de Seriphidiis atque de Dracunculis; l. c. IX. p. 1—115. (vidi).

E. R. von Trautvetter: De Salicibus frigidis

Kochii dissertatio; in: Mém. de la Soc. des Natural. de Mosc. VIII. p. 279 — 318, tab. 4 — 27. (vidi).

Derselbe: Salicetum sive Salicum formae, quae hodie innotuere, descriptae et systematice dispositae. Fasc. I; in: Bullet. scientif. de l'Académ. des Sc. de St. Pétersb. I. No. 17. p. 129 — 132. (vidi).

Derselbe: Ueber die Weiden des Hortus Hostianus und der Dendrotheca bohemica; in: Linnaea X. p. 571 — 581. (vidi).

Derselbe: De Echinope genere Capita II. Mitav. 1833. (vidi).

J. Liboschitz: Beschreibung eines neuentdeckten Pilzes. Wien 1814; auch unter dem Titel: Description d'un nouveau Champignon, adressée à M. le Bar. de Jacquin par Jos. Liboschitz.

Karl Bernh. von Trinius: De Graminibus unifloris et sesquifloris. Petrop. 1824. (vidi).

Derselbe: Fundamenta Agrostographiae. Vienn. 1820. (vidi).

Derselbe: Species Graminum iconibus et descriptionibus illustratae. Petrop. 1828 — 1836. III. tom. (vidi).

Derselbe: Clavis Agrostographiae antiquioris. Coburg. 1822. (vidi).

Derselbe: Raspails Abhandlung über die Bildung des Embryo in den Gräsern, und Versuch einer Klassification dieser Familie, übersetzt. Petersb. 1826. (vidi).

Derselbe: Andropogineorum genera speciesque complures; in: Mém. de l'Académ. des Sc. de St. Pétersb. VIme Serie, Sc. mathém. etc. II. (1833) p. 239 seqq. (vidi).

Derselbe: Graminum genera quaedam speciesque complures; l. c. I. (1836) p. 54 seqq., p. 353. seqq. (vidi).

Derselbe: Graminum decas; in: Mém. de l'Académ. des Sc. de St. Pétersb. X. (1821—1822) p. 333 seqq. (vidi).

Derselbe: Plantarum novarum vel minus cognitarum pentas prima; l. c. VI. (1813—1814) p. 485 seqq. (vidi).

Derselbe: Nouvelles considérations sur la construction de la fleur des Graminées; in: Bullet. scientif. de l'Académ. des Sc. de St. Pétersb. I. No. 3. p. 17—20. (vidi).

Derselbe: Graminum in Actis academicis a se editorum generibus et speciebus supplementa addit; l. c. I. No. 9. p. 65—71. (vidi).

Derselbe: Bambusaceas quasdam novas describit; in: Mém. de l'Académie des Sc. de St. Pétersb.

Derselbe: De Graminibus paniceis dissert. botan. altera. Petrop. 1826.

О растеніяхъ, извѣстныхъ подъ именемъ кувшнкокъ (Соч. Поаре); in: Двигубскій, Нов. Магаз. естеств. истор. 1826. X. p. 77—92. (vidi).

Водоросли (изъ соч. Поаре); l. c. 1826. II. p. 97 — 102. (vidi).

J. A. Weinmann: Einige Bemerkungen über Chactomium elatum Kunze; in: Linnaea X. p. 440 — 441. (vidi).

Carl Ludwig Goldbach: Monographiae generis Croci tentamen; in: Mém. de la Soc. des Natural. de Mosc. V. p. 142 — 161. (vidi).

Derselbe Dissertatio Croci historiam sistens. Mosq. 1816.

Wilhelm Cruse: De Anthospermeis; in: Linnaea VI. p. 1 — 21. (vidi).

Peter Kornuch Trozky: Разсужденіе о семействѣ крестовидныхъ растѣній Г. Декандолл. Перев. съ Франц. Москв. 1826. (vidi).

Brandt: Quelques remarques sur la plante qui fournit la Cevadille de Mexique (Veratrum officinale), comme type d'un nouveau sousgenre; in: Bullet. de l'Académ. des Sc. de St. Pétersb. I. No. 22. p. 173 — 174. (vidi).

IX. *Schriften, welche über Pflanzensammlungen handeln.*

Petropolitanus hortus academicus fundatus. 1725 (nach Böhmers Lexikon III. l. p. 343).

Dechiseaux: Mémoires pour servir à l'instruction de l'histoire naturelle des plantes en Russie, et à l'établissement d'un jardin botanique à Pétersbourg. Paris 1728.

Andreas Knoeffel soll ein Pflanzenverzeichniss des Warschauer Gartens gegeben haben in: Simoni Pauli Viridarium.

Martin Bernhard von Berniz: Catalogus plantarum tam exoticarum, quam indigenarum, quae anno 1651 in hortis regiis Warsaviae nasci observatae sunt. Gedani 1652, et Hafniae 1653 cum viridariis S. Pauli.

Karl Nikol. Hellenius und Joseph Mollin: Dissert. academ. sistens hortum Academiae Aboënsis. Pars I. Aboae 1779. (vidi).

Johann Georg Siegesbeck: Primitiae Florae petropolitanae sive Catalogus plantarum tam indigenarum quam exoticarum, quibus instructus fuit hortus medicus petriburgensis per annum 1736. Rigae. (vidi).

Peter Simon Pallas: Enumeratio plantarum, quae in horto Demidowiano Mosquae vigent. Mosq. 1781.

Derselbe: Enumeratio plantarum ordine alphabetico, quae in horto Procopii a Demidow Mosquae vigent. 1786. Edit. auctior.

T. Smelowski: Descriptiones plantarum rariorum horti Imperialis Academiae Scientiarum Petropolitanae, iconibus illustratae; in: Mém. de l'Académ. des Sc. de St. Pétersb. IV. (1811) p. 403 seqq. tab. 9 — 10. (vidi).

Iwan Lepechin: Aufzählung der Pflanzen des

Gartens zu Solikamsk; im 3ten Bde seiner Reisebeschreibung. (vidi).

Списокъ многолѣпныхъ оранжерейныхъ и
тепличныхъ растеній ботаническаго сада при
Импер. Московск. Университетѣ. Москва 1828.

Fr. von Stephan: Nomina plantarum, quas
alit ager mosquensis et hortus privatus. Petrop.
1804. (vidi).

(Redowsky:) Enumeratio plantarum, quae in
horto Exc. Comitis Alexii a Razumowsky in pago
Mosquensi Gorinka vigent. (Mosq. 1805). (vidi).

Derselbe: Enumeratio plantarum horti Goren-
kensis. Mosq. 1803.

Der Garten des Grafen Alexei von Razumowsky zu Gorinka; in: Taschenbuch auf das
Jahr 1806 für Natur-und Gartenfreunde. p.
163—166.

Gottfried Alb. Germann: Verzeichniss der
Pflanzen des botanischen Gartens der Kaiserl. Universität zu Dorpat im Jahr 1807. Dorpat 1807.

Derselbe: Ueber den botanischen Garten zu
Dorpat; in: Regensb. botan. Zeitung f. d. Jahr 1804.

Georg Franz Hoffmann: Hortus Goettingensis.

Derselbe: Hortus Mosquensis. 1808.

Derselbe: Oratio in Universitate Mosquense
habita de hortis botanico-medicis. Mosq. 1807. (vidi).

Derselbe: Herbarium vivum seu collectio plantarum siccarum Caesar. Universitatis Mosquensis.
II. tom. Mosq. 1824—1826.

Christ. Burch. von Vietinghoff und G. F. Hoffmann: Hortus siccus caucasicus seu plantae rariores in regionibus caucasicis sponte nascentes inque earum locis natalibus collectae. Fasc. I. Mosq. 1812.

Gotthelf Fischer von Waldheim: Museum Demidoff. 3 tom. Mosc. 1806 — 1807. (vidi).

F. E. L. von Fischer: Catalogue du jardin des plantes de Gorenki près de Moscou. 1808.

Derselbe: Catalogue du jardin des plantes de Son Exc. Mr. le Comte Alexis de Razoumoffsky à Gorenki. Mosc. 1812. (vidi).

Derselbe: Index plantarum anno 1824 in horto Imperiali petropolitano vigentium. Petrop. 1824.

Derselbe beschreibt den botanischen Garten zu St. Petersburg in: Wikströms Jahresbericht der Königl. schwed. Akademie der Wissensch. über die Fortschritte der Botanik im Jahre 1830, übers. von L. T. Beilschmidt. Bresl. 1834. p. 114 seqq. (vidi).

Derselbe und C. A. Meyer: Bericht über die Getreide-Arten, welche im Jahre 1836 im Kaiserl. botanischen Garten zu St. Petersburg gebaut wurden; auch russisch О ниворослях, которыя были разводимы въ Императорскомъ ботаническомъ саду въ 1836 году. (vidi).

Index seminum, quae hortus botanicus Imperialis Potropolitanus pro mutua commutatione offert. Accedunt animadversiones botanicae nonnullae. Index I et II. auctorib. F. E. L. Fischer et C. A. Meyer.

Petrop. 1835 ; Index III. auctoribus iisdem et E. Rud. Trautvetter. Petrop. 1837. (vidi).

Nachricht von dem botanischen Garten zu St. Petersburg; in: botan. Zeitung 1823. I. p. 29; botan. Literaturbl. 1823. III. p. 690.

Christ. von Steven: Beschreibung des Gartens zu Nikita; in: Verhandl. des Vereins zur Beförder. des Gartenbaus. 10te Lieferung. Berl. 1828. p. 103 — 109. (vidi).

Karl Fr. von Ledebour: Enumeratio plantarum horti botanici Gryphici. Gryph. 1807; Supplem. I. Gryph. 1809; Supplem. II. Gryph. 1810.

Derselbe: Plantae nonnullae horti et agri Gryphici; in: Schraders Neuem Journal für die Botanik. IV. St. 1 und 2. (1810).

Derselbe; Enumeratio plantarum, ordine alphabetico, quae in horto botanico Dorpatensi 1810 vigerunt. Hiezu: Supplem. I. Dorpati 1811.

Derselbe: Enumeratio plantarum, quarum semina in horto botanico Universitatis Caesareae Dorpatensis servantur. Dorp. 1814.

Derselbe: Index seminum in horto botanico Dorpatensi 1819 collectorum; und in der Folge Saamenverzeichnisse des Gartens bis 1835.

Joh. Herm. Zigra: Ausführliches Verzeichniss über 2000 Species der seltenen exotischen Pflanzen, die J. H. Zigra auf seine Kosten in Russland aus England selbst eingeführt hat. Riga 1809.

Derselbe: Ausführliches Verzeichniss derjenigen fremdartigen Pflanzen etc., welche in Riga im Garten von J. H. Zigra kultivirt werden. Riga 1817.

Derselbe: Ausführliches Verzeichniss derjenigen Obstbäume und Sträucher etc. etc., die in Riga in dem Garten von J. H. Zigra kultivirt werden. Mitau 1819.

Buek hat ein Pflanzenverzeichniss drucken lassen über den Garten von Christ. Burch. von Vietinghof, genannt Scheel, zu Marienburg.

Fr. von Gebler: Notice sur le Musée de Barnaoul en Sibérie; in: Bullet. de la Soc. des Natural. de Mosc. I. p. 51 — 59. (vidi).

A. J. Szovits und A. F. Lang: Herbarium florae ruthenicae, sistens plantas rariores in gubernio chersonensi sponte obviarum. Cent. I — II.

W. S. J. G. Besser: Catalogue des plantes du jardin botanique du Gymnase de Volhynie à Krzemeniec. Krzem. 1810, 1811. Hiezu: Supplem. I. 1812; Supplem. II. 1813: Supplem. IV. 1814.

Derselbe: Catalogus plantarum in horto botanico Gymnasii volhyniensis Cremeneci cultarum. Cremen. 1816. (vidi).

Henning: Enumeratio plantarum officinalium herbarii pharmaceutici; in: Bullet. de la Soc. des Natural. de Mosc. VII. p. 395 — 401. (vidi).

J. A. Weinmann: Nachricht von dem botanischen Garten der Kaiserl. Universität zu Dorpat. Dorpat 1810. (vidi).

Derselbe: Elenchus plantarum horti Imperialis Pawlowskiensis et agri petropolitani. Petrop. 1824. (vidi).

Derselbe: Nachricht von dem botanischen Garten in Pawlowsk; in: bot. Zeitung 1820. II. p. 668.

Index plantarum horti botanici Imperatoriae Universitatis Vilnensis. Vilnae 1814; Appendix. Vilnae 1815.

M. Szubert: Spis roslin ogrodu botanicznego krolewskiego-warszawskiego universytetu. W Warszawie 1824. (mit einem Plan des Gartens) — (vidi).

X. *Schriften, welche über fossile Gewächse handeln.*

A. Karpinsky: Краткая исторія изслѣдованія изкопаемыхъ растеній и разпредѣленіе ихъ въ различныхъ слояхъ земной коры (Ад. Броньяра). С. Петерб. 1829. (vidi).

Defrance: Таблица ископаемыхъ органическихъ тѣлъ, предшествуемая замѣчаніями о ихъ окамененій. С. Петерб. 1830. (vidi).

Joakim Sembnizky: Сокращенное руководство къ систематическому опредѣленію ископаемыхъ растеній. 2 част. С. Петерб. 1833. (vidi) (Eine Uebersetzung von Brongniart's bekannter Schrift).

B. Berg: Notice sur la localité du Calamites

nodosus Sternb. en Sibérie; in Bullet. de la Soc. des Natural. de Mosc. VII. p. 412 seqq. (vidi).

A. Obodowsky: О саговидныхъ ископаемыхъ растеніяхъ, найденныхъ въ оолишовыхъ каменоломияхъ острова Портланда. Соч. Бокланда. Перев. съ Англ. С. Петерб. 1834.

Stephan Kutorga: Beitrag zur Geognosie und Paläontologie Dorpats und seiner nächsten Umgebungen. St. Petersb. 1835.

XI. *Schriften, welche über das Leben und über den Bau der Gewächse handeln.*

Joh. Gottlob Hertel und Traugott Gerber (respondente): Dissert. de plantarum transpiratione. Lips. 1735. (vidi).

Joh. Christ. Buxbaum: De propagatione Fun gorum per radices; in: Commentar. Academ. Sc. Petrop. III. (1728) p. 264 — 267. (vidi).

Georg Bernh. Bülffinger: De tracheis plantarum ex Melone observatio; in: Comment. Academ. Sc. Petrop. IV. (1729) p. 182 — 187. (vidi).

Derselbe: De radicibus et foliis Cichorii; l. c. V. (1730 — 1731) p. 198 — 212. (vidi).

Derselbe: Observationes botanicae et una Iridis multiplicis; in: Nov. Comment. Academ. Sc. Petrop. VI. (1756 — 1757) p. 407. (vidi).

Joh. Amman: De Ficubus e trunco arboris enatis; in: Comment. Academ. Sc. Petrop. VIII. (1736) p. 193 — 196. (vidi).

Christ. Wolf: De pomo ex trunco arboris enato dissert.; in Comment. Academ. Sc. Petrop. (1736) p. 197 — 208. (vidi).

Joh. Georg Gmelin: Sermo academicus de novorum vegetabilium post creationem divinam exortu etc. Tubing. 1749. (vidi).

G. W. Krafft: De vegetatione plantarum experimenta et consectaria; in: Nov. Comment. Academ. Sc. Petrop. II. (1749) p. 231 — 256. (vidi).

Nikolaus Ozeretskowsky: De ossibus ligno inclusis; in: Nov. Act. Academ. Sc. Petrop. XIII. (1795 — 1796) p. 367 — 370. (vidi).

Joh. Gottl. Kölreuter: Vorläufige Nachrichten von einigen das Geschlecht der Pflanzen betreffenden Versuchen und Beobachtungen. 4 Theile. Leipz. 1761, und hiezu Zusätze: 1763, 1765 und 1766.

Derselbe: Das entdeckte Geheimniss der Kryptogamie: Karlsr. 1787.

Derselbe: Lychni-Cucubalus; in: Nov. Comment. Academ. Sc. Petrop. XX. (1775) p. 431—448. (vidi).

Derselbe Digitales hybridae; in: Act. Academ. Sc. Petrop. 1777. I. p. 215 — 233; 1778. II. p. 261 — 276. (vidi).

Derselbe: Lobeliae hybridae; l. c. 1777. II. p. 185 — 192. (vidi).

Derselbe: Lycia hybrida; l. c. 1778. I. p. 219 — 224. (vidi).

Derselbe: Verbasca nova hybrida; l. c. 1781. I. p. 249 — 270. (vidi).

Derselbe: Daturae novae hybridae; l. c. 1781. II. p. 303 — 313. (vidi).

Derselbe: Malvacei ordinis plantae novae hybridae; l. c. 1782. p. 251 — 290. (vidi).

Derselbe: Lina hybrida; in: Nov. Act. Academ. Sc. Petrop. I. (1783) p. 339 — 346. (vidi).

Derselbe: Dianthi novi hybridi; l. c. III. (1785) p. 277 — 284. (vidi).

Derselbe: Nouvelles observations et expériences sur l'irritabilité des étamines de l'Epine vinette, Berberis vulgaris L.; l. c. VI. (1788) p. 204 — 217. (vidi).

Derselbe: Observationes quaedam circa vera stigmata et fructificationem Periplocae graecae L.; l. c. X. (1792) p. 407 — 412. (vidi).

Derselbe: Mirabiles Jalapae hybridae; l. c. XI. (1793) p. 389 — 399; XII. (1794) p. 378 — 398; XIII. (1795—1796) p. 305—335; XIV. (1797—1798) p. 370 — 408. (vidi).

Derselbe: De antherarum pulvere; l. c. XV. (1799 — 1802) p. 359 — 398; Mém. de l'Académ. des Sc. de St. Pétersb. III. (1810 — 1811) p. 159. (vidi).

Joseph Gärtner: De fructibus et seminibus plantarum. Vol. I. Stutgard. 1788; Vol. II. Tubing. 1791; hiezu von Karl Fr. Gärtner: Supplementum Carpologiae seu continuati operis Jos. Gaertneri de fructibus et seminibus plantarum voluminis tertii Centuria prima. Lips. 1805. (vidi).

Joh. Jakob Ferber: Prolepsis plantarum; in: Linn. Amoenit. academ. VI. p. 365 — 383. (vidi).

Christ. Fr. Ludwig und Peter Gniditsch (aus der Ukräne): De pulvere antherarum. Lips. 1778. (vidi).

J. M. G. Beseke: Von den Säften in den Pflanzen, von der Abscheidung der Säfte, von der daher entstehenden Ernährung und vom Wachsthum; in: Mitausche Monatsschrift. 1785. Junius.

Heinr. Wilh. Romanson (aus Finnland): Fructificationis partium varietates. Upsal. 1800. (vidi).

F. E. L. von Fischer: Observations sur une graine reçue sous le nom d'Eléodendron Argan; in: Mém. de la Soc. des Natural. de Mosc. I. p. 14 (edit. prim. p. 27). (vidi).

Derselbe: Sur le fruit de Pothos; l. c. I. p. 27 (edit. prim. p. 47). (vidi).

Derselbe: Notice sur les nectaires, que l'on trouve hors des fleurs; in: Mém. de la Soc. des Natural. de Mosc. I. p. 209 — 213 (edit. prim. p. 243). (vidi).

F. W. Londes: Observation sur les nectaires du Strelitzia regina; in: Mém. de la Soc. des Natural. de Mosc. Edit. prim. I. p. 52 — 56. (vidi).

H. Mertens und J. Goldbach: Observationes in fructus et semina Nymphaeacearum; in: Mém.

de la Soc. des Natur. de Mosc. VI. p. 285 — 299. tab. 25. (vidi).

David Hieronymus Grindel: Ideen über die Vegetation und einige Worte über den Dünger. Riga 1809.

Joh. Wilh. Ludw. v. Luce: Ueber die Befruchtung des Fuci vesiculosi L.; in: Usteri's botan. Annalen. St. 15. p. 59 (1795).

Michael Maximowitsch Наблюденіе падъ образованіемъ Приспаеевой зелени; in: Двигубск. Нов. Магаз. естесшв. истор. 1826. No. 1. p. 63 — 64. (vidi)-

Fr. Wilh. Cruse: Ueber den Blüthenbau der Gramineen; in: Linnaea (1830) V. p. 299 — 335. (vidi).

Derselbe: De Asparagi officinalis L. germinatione. Regiom. 1828. (vidi).

Michael Maximowitsch: Нѣчто объ оплодотвореніи растеній; in: Двигубск. Нов. Магаз. 1826. No. 1. p. 13. (vidi)

E. Rud. von Trautvetter Ueber die Nebenblätter. Mitau 1831; auch in: E. Ch. von Trautvetters Quatembern. (vidi).

F. Schmalz: Einiges aus der Pflanzenernährungskunde in Beziehung auf Acker-, Garten- und Waldbau: in: Emil André's ökonomischen Neuigkeiten und Verhandlungen. 1837. No. 1 und 2.

Peter Kornuch Trozky: De plantarum phanerogamarum germinatione. Dorpati 1832. (vidi).

Johann Schychowsky De fructus plantarum phanerogamarum natura. Dorpati 1832. (vidi).

Derselbe: Общій взглядъ на теорію способа прикрѣпленія сѣмянъ въ плодъ явнобрачныхъ растеній; wahrscheinlich in den Schriften der Moskauer Universität. (vidi — einen besondern Abdruck).

J. A. Weinmann: Campanula Medium L.; in: Linnaea IX. p. 510. (vidi).

Julius Fritzsche: Beitrag zur Kenntniss des Pollen. Berlin, Stettin und Elbing. 1832. (vidi).

Derselbe: Ueber den Pollen; in: Bullet. scientif. de l'Académ. des Sc. de St. Pétersb. I. No. 21. p. 160 — 164. (vidi).

Wassili Golowin: Разсужденіе о жизни растеній. Москва 1825. (vidi).

Alexander Fischer (von Waldheim): Sur l'accroissement du tronc des Dicotylédones; in Bullet. de la Soc. des Natural. de Mosc. I. p. 333 — 353. (vidi).

Основанія растительной Физики въ приложеніи къ земледѣлію. Соч. Боска. Перев. съ Француск. Москв. 1830. (vidi).

О движеніи растеній (изъ Leçons de Flore); in: Двигубск. Нов. Магаз. естеств. испор. 1826. IV. p. 221 — 237. (vidi).

Joh. Herm. Zigra: Bemerkungen über die Wirkung des Frostes auf Obstbäume; in: livländ. Jahrb. der Landwirthschaft. I. p. 308 — 311.

XII. *Schriften, welche über Phytochemie handeln.*

Joh. Georg Gmelin: De Salibus alkalibus fixis plantarum; in: Comment. Academ. Sc. Petrop. V. (1730—1731) p. 277—294. (vidi).

Joh. Gottlieb Georgi: Nachricht von den Versuchen, welche bei der Kaiserl. Russischen Admiralität und Akademie der Wissenschaften wegen der Selbstentzündlichkeit der Oele mit Kienruss, Hanf und Flachs gemacht worden; in: Pallas Neue nord. Beiträge. III. p. 37—83; IV. p. 309—324. (vidi).

Derselbe: De Confervae natura disquisitio chemica; in: Act. Academ. Sc. Petrop. 1778. I. p. 225 — 235. (vidi).

Derselbe: Analysis chemica Agarici fugitivi et Boletorum bovini atque igniarii; l. c. 1778. II. p. 207 — 216. (vidi).

Derselbe: Scrutamen chemicum Lichenum parasiticorum; l. c. 1779. II. p. 282 — 294. (vidi).

Derselbe: Cinerum Clavellatorum Rossiae, itemque cinerum Betulinorum examen chemicum; in: Nov. Act. Academ. Sc. Petrop. III. (1785) p. 250 — 259. (vidi).

T. Smelowski: Descriptio botanico-chemica Equiseti arvensis; in: Mém. de l'Académ. des Sc. de St. Pétersb. I. (1803 — 1806) p. 316 seqq. (vidi).

Gotthelf Fischer (von Waldheim): Friedr. Alex. von Humboldts Aphorismen aus der chemischen Physiologie der Pflanzen. Aus dem Lateinischen. Leipz. 1794. (vidi).

Jakob Dietr. Kagell: Was lässt sich mit einiger Wahrscheinlichkeit über die Grundmischung der vegetabilischen Kohle sagen? Dorpat 1807; auch in: Grindels Russ. Jahrb. der Pharmacie. Bd. 6. (1808).

Joh. Eman. Ferd. Giese: Classification des substances végétales et animales selon leurs propriétés chimiques; in: Mém. de la Soc. des Natural. de Mosc. IV. p. 83 — 128. (vidi).

Derselbe: Observation sur la nature et la formation de la tourbe; l. c. I. p. 199 (edit. prim. p. 228). (vidi).

Derselbe: Zur Untersuchung der Mauerkresse; in: Scherers Nord. Bll. für die Chemie. Bd. 1.

Derselbe: Chemische Untersuchung der Wandflechte; in: Scherers allg. nord. Annalen der Chemie. Bd. 1. p. 438 — 467.

Derselbe: Ueber den Ursprung der Pottasche; l. c. II. p. 305.

Derselbe: Systematische Uebersicht der nähern Bestandtheile der Pflanzen; l. c. III. p. 58.

Derselbe: Ueber die Extractivstoffe; l. c. IV. p. 64.

Derselbe: Kaffeestoff und Salzgehalt des Quasia-Extracts; l. c. IV. p. 240.

J. F. John Recherches sur le Tannin contenu dans le fruit du Pin (Pinus Abies L.) et du Sapin (Pinus sylvestris L.); in: Mém. de la Soc. des Natural de Mosc. I. p. 21 (edit. prim. p. 34.) (vidi).

F. F. Reuss: Nouvelle analyse du principe fébrifuge du Quinquina. Mosc. 1810: auch in: Comment. Soc. phys. med. Mosq. II. p. 89—119. (vidi).

Joh. Heinr. Monkewitz: Chemisch- medicinische Untersuchung über die Wandflechte (Lichen perictinus) und über die gebräuchlichsten Chinarinden. Dorpat 1817.

Alex. Joach. Machcewitz: De usu medico herbae Rubi Chamaemori, addita ejus analysi chemica; in: Comment. Soc. phys. med. Mosq. II. p. 243—259. (vidi).

J. Stählin Sur l'accroissement de la soude dans les plantes; in: Mém. de la Soc. des Natural. de Mosc. III. p. 190—194. (vidi).

David Hieronym. Grindel: Die organischen Körper chemisch betrachtet. Riga 1811. 2 Bde.

Sam. Friedr. Ilisch: Chemische Analyse der Salvia officinalis; in: Tromsdorffs Journal der Pharmacie. XX. St. 2. (1811).

Derselbe: Cortex Pruni Padi; in Grindels medicinisch- pharmaceut. Blättern. 1820. Heft 2. p. 20—27.

Derselbe Valeriana; l. c. 4. p. 43.

Derselbe Vermischte Bemerkungen über Jodine, Alkornoko-Rinde, Ratania-Wurzel, Pyrola umbellata, Piper nigrum etc.; in: Scherers Allg. Nord. Annalen der Chemie. VI. Heft 2. (1821).

Michael Pawlow Земледѣльческая Химія. Москва 1825. (vidi).

Julius Fritzsche: Neuere Untersuchungen über den Pollen und den vermeintlichen Stoff Pollenin; in: Poggendorffs Annalen der Physik. 1834. XXXII. p. 481 seqq.; auch in: Pharmaceut. Centralblatt. 1835. No. 3. 4.

Friedemann von Göbel Ueber Darstellung der medizinischen Blausäure; in: Tromsd. N. Journ. V. II. p. 24.

Derselbe: Chemische Untersuchung des Fenchelöls, Pfeffermünzöls, Zimmtöls; l. c. V. II.

Derselbe: Ueber Jalappenharz; in: Buchn. Rep. X. p. 142.

Derselbe: Chemische Analyse des Jalappenharzes; in: Schweiggers Journ. III. 375.

Derselbe: Das Leuchten der Kohlensäure beim Gährprozesse; l. c. X. p. 257.

Derselbe: Nachweisung des Jods in den Meerschwämmen; in: Buchn. Rep. XI. p. 44.

Derselbe: Chemische Analyse des Morphiums und des arabischen Gummis; in: Buchn. Repertor. XI. p. 81.

Derselbe: Analyse des Piperins aus langem Pfeffer; in: Kastners Archiv. VII. p. 265.

Derselbe: Chemische Untersuchung des Kamphers; in: Schweigg. N. Journ.

Derselbe: Chemische Analyse der Chinaalkaloide; in: Kastn. Arch. VII. p. 265.

Derselbe: Ueber Cocogninsäure in den Saamen von Daphne Gnidium; in: Buchn. Rep. VIII. p. 205.

Derselbe: Ueber die Brenzweinsäure; in: Tromsd. N. Journ. X.

Derselbe: Chemische Analyse der Parmelia esculenta; in: Schweigger-Seid. Journ.

Derselbe giebt in seiner Reise nach den Steppen des südlichen Russlands chemische Analysen von Tamarix laxa, Halocnemum caspium, Halimocnemis crassifolia, Salsola clavifolia, S. Kali, S. lanata, S. tamariscina, Salicornia herbacea, Salsola brachinata, Sals. laricina, Anabasis aphylla, Kochia sedoides, K. prostrata, Statice Gmelini, Atriplex verruciferum, Nitraria Schoberi, Statice suffruticosa.

Carl Claus: Grundzüge der analytischen Phytochemie. 1ter Theil. Dorpat 1837.

XIII. *Schriften über medicinische und ökonomische Botanik.*

Andreas Kobylin: Nauka lekarska.

Georg Wilh. Steller: Catalogus medicamentorum apud Rossos, Tataros et Ostjakos usitatorum, annis 1737 — 1738 collectorum. MS.

Joh. Georg Gmelin: Dissertatio de Coffea. Tubing. 1752.

Derselbe: Dissertatio de Rhabarbaro officinarum. Tubing. 1751.

Gust. Christ. von Hantwig: Dissertatio de Orchide. Rostoch. 1747.

Derselbe: Dissertatio de Bryonia. Rostoch. 1758.

Nikolaus von Himsel: Dissert. inaugur. medic. de victu salubri ex animalibus et vegetabilibus temperando. Götting. 1751.

Joh. Wilh. Friedr. Lieb: Dissertatio botan.-medica de Bryonia. Rostoch. 1758.

Säm. Gottl. Gmelin: Dissertatio inaugur. de Analepticis quibusdam nobilioribus. Tubing. 1763.

Derselbe: De proprietatibus plantarum ex charactere botanico cognoscendis; in: Nov. Comment. Academ. Sc. Petrop. XII. (1766—1767) p. 522—548. (vidi).

Gottlob Schober: Dissert. med. de seminibus loliaceis Secalis nigris corruptis et incurvatis, vulgo Kornmutter, varios morbos epidemicos anno 1772 in autumno et hyeme producentibus tam in territorio Moscoviae quam Niesnae; in: Act. Eruditor. 1773. p. 446.

Karl Christ. Schiemann: Dissertatio de Digitali purpurea. Götting. 1786.

Nestor Maximowitsch Ambodik: Врачебная Веществословія. С. Петерб. 1783—1789. 4 част.

Joh. Gottl. Groschke: Von den verschiedenen Arten der Chinarinde; in: Blumenbachs medicin. Bibliothek. Bd. 2. St. 3. (1786).

Joh. Fr. von Erdmann: Aufzählung der giftigen Pflanzen, welche um Wittenberg wild wachsen; in: Wittenberger Wochenblatt. 1792. No. 14—16.

Karl Benjamin Sommer: De virtute et vi medica Gratiolae officinalis L. Rigae 1796.

F. W. Londes: Dissertatio inauguralis de Chaerophyllo bulboso ejusque usu. Gött. 1801.

Derselbe: Handbuch der Botanik zu Vorlesungen für Aerzte und Apotheker. Götting. 1804. (vidi).

Georg Franz Hoffmann: Commentatio de vario Lichenum usu; in: Mémoires sur l'utilité des Lichenes. Lyon 1787. (vidi).

Derselbe: Syllabus plantarum officinalium. Gött. 1802. (vidi).

Derselbe: Compendium Pharmacologiae, in usum praelect. academ. Mosq. 1821.

Reinhold von Behrens: Ueber die wichtige Cultur und den nützlichen diätetischen Gebrauch des Rhei Rhapontici; in: Kaffka's Nord. Archiv. 1804. Decemb. p. 220 — 234.

Derselbe: Verschiedene ökonomische Abhandlungen; l. c. 1805. März. p. 160 — 180; Decemb. p. 177 — 183.

Derselbe: Zweite Fortsetzung der Beobachtungen und Versuche über verschiedene neuere Pflanzen für die Medicin und Haushaltungskunst. Riga.

Terjaew: Экономическая ботаника Доктора Суккова. Съ нѣмецк. языка перев. С. Петерб. 1804. (vidi).

J. Rehmann Sur le sol natal et le commerce de la Rabarbe; in: Mém. de la Soc. des Natural. de Mosc. II. p. 127 — 146. (vidi).

Derselbe: Sur les briques de thé (kirpitchnoi-tchai) des Mongoles; l. c. II. p. 281—286. (vidi).

Friedr. Reinh. von Glaser: Dissert. inaugur. medic. de virtute et vi medica Lepidii ruderalis L. Dorpati 1816.

Joh. Melchior Knieriem: Spicilegium obser-vationum de Arnica montana. Dorpati 1823.

Nik. Schtscheglow: Хозяйственная бота-ника. С. Петерб. 1825.

Derselbe: Описаніе дикорастущихъ и могу-щихъ разводиться въ Россіи врачебныхъ рас-теній. С. Петерб. 1828. (vidi).

Derselbe: Описаніе дикорастущихъ и могу-щихъ разводиться въ Россіи хозяйственныхъ растеній. С. Петерб. 1828. (vidi).

Alex. von Bunge: De relatione methodi plan-tarum naturalis in vires vagetabilium medicales. Dorpati 1825. (vidi).

Gottfr. Wilh. Kieseritzky: Dissert. inaugur. medic. botanica de ratione, quae inter systema plantarum naturale earumque vires medicinales obtinet. Rigae 1826. (vidi).

Karl Ulrich Fr. Vollberg: Dissert. inaug. medica, pharmaca quaedam indigena, pharmacopeae rossicae addenda proponens. Dorpati 1816.

Joh. Schychowsky: Dissert. de Digitali purpurea. Dorpati 1829. (vidi).

Paul Horaninow: Systema pharmacodynami-
cum. Petrop. 1829. (vidi).

О Цикоріѣ; in: Двигубск. Нов. Магаз. естеств.
истор. VII. p. 195 — 202. (vidi).

J. F. Brandt und J. T. C. Ratzeburg: Abbildung und Beschreibung der in Deutschland
wildwachsenden, in Gärten und im Freien aus-
dauernden Giftgewächse. Berl. 1834. (vidi).

Dieselben: Tabellarische Uebersicht der officinellen Gewächse. Berlin 1830.

Die klimatischen Verschiedenheiten Russlands,
nach den Ortsverhältnissen, in Beziehung auf die
Landwirthschaft. Nach dem Russischen. St. Petersb. 1834. (vidi).

Friedemann von Göbel: pharmaceutische
Waarenkunde mit illuminirten Kupfern. 2 Bde.
Eisenach 1827 — 1830.

Georg Joh. Glocke: De Secali cornuto ejusque
viribus medicinalibus. Dorpati 1837.

XIV. *Schriften, welche über Forstbotanik handeln.*

Fokel: Описаніе естественнаго состоянія
растущихъ въ сѣверныхъ странахъ лѣсовъ. Соч.
на нѣмецк. языкѣ. С. Петерб. 1766. (vidi).

Chr. Heinr. Gottl. Köchy: Nachricht von
einer ungewöhnlich grossen Eiche; in: Neues
ökonom. Repertor. für Livland. III. 3. p. 425.

О разведеніи строевыхъ лѣсовъ и другихъ полезнѣйшихъ. Перев. съ Англійск. С. Петерб. 1805. (vidi).

Iwan Pogankow und Alex. Kirejewsk: Руководство для лѣсничихъ и любителей лѣсовъ. Перев. съ Нѣмецк. С. Петерб. 1810. (vidi).

Andreas von Löwis: Anleitung zur Forstwissenschaft in Livland. Riga und Dorpat 1814.

Joh. Wilh. Ludw. von Luce: Ueber die Propagation einiger Bäume und Sträucher; in: Neues ökonom. Repertor. für Livland. V. 3. p. 344—358.

J. von der Brincken: Mémoire descriptif sur la forêt Impériale de Bialovicza. Varsov. 1826. (vidi).

Peter Pereligin: Начертаніе правилъ лѣсоводства. С. Петерб. 1831. 2 части. (vidi).

Карманная дендрологія важнѣйшихъ и употребительнѣйшихъ породъ при кораблестроеніи. Составлена въ Департаментѣ Корабельныхъ лѣсовъ. С. Петерб. 1835. (vidi).

J. von d. Brincken: Ansichten über die Bewaldung der Steppen des europäischen Russlands, mit allgemeiner Beziehung auf die rationelle Begründung des Staatswaldwesens. Braunschweig 1833. (vidi).

XV. *Schriften, welche über Pflanzenzucht handeln.*

Joh. Christ. Hebenstreit: De fertilitate terrarum industria colonum augenda oratio. Petrop. 1756.

Joh. Jakob Ferber: Blomster-Almanach för

Carlscronas climat; in: Act. Holm. XXXII. (1771) p. 75 — 88.

von Kaiserling: Auf Erfahrung gegründete Regeln, mittelst deren genauen Beobachtung die seit wenigen Jahren allhier bekannt. gewordenen stets blühenden Erdbeerstauden am leichtesten aus dem Saamen zu erziehen und zu verpflanzen sind. Mietau 1778.

P. S. Pallas: Beschreibung der Sibirischen Bäume und Sträucher, welche zu Anlegung der Lustwälder und Hecken in nördlichen Gegenden zu gebrauchen sind; in: Petersb. Journal 1776. April. p. 26.

Karl Ludw. Hablizl: Nachricht über einen Versuch, welcher in Ansehung der Cultur des Kunschuts zu Astrachan angestellt worden etc.; in: Pallas Neue nord. Beitr. I. p. 190. (vidi).

Подробный словарь увеселительнаго, ботаническаго и хозяйственнаго садоводства. На россійск. языкъ перев. С. Петерб. 1792. 4 част. (vidi).

Friedr. Joh. Klapmeier: Vom Kleebau und von der Verbindung desselben mit dem Getreidebau. Mitau 1794. (2te Ausg. 1797).

Руководство къ надежному воспитанію и насажденію иностранныхъ и домашнихъ деревъ. Соч. Г. Бургсдорфа. Перев. съ нѣмецк. С. Петерб. 1801. (vidi).

Joh. Bernh. Fischer: Ueber den Anbau ausländischer Getreidearten etc. in Deutschland. Nürnberg 1804. (vidi).

Christoph Krüger von Kriegsheim: Forstwissenschaftliche Bemerkungen etc.; mit Anmerkungen des Bar. von Vietinghoff über die Kultur
der nützlichsten Holzarten in verschiedenen Gegenden des russ. Reichs. Dorpat 1806.

Joh. Immanuel Sahmen: Einige Bemerkungen
über den Kartoffelbau; in: Oekonom. Repertor.
für Livland. I. 2. p. 199; VI. I. p. 495.

Derselbe: Beobachtungen über die Saaten, wenn
solche nicht gleich untergepflügt werden; l. c. I.
3. p. 355.

Joh. Christoph Wolter: Kurze, fassliche und
methodische Anleitung zur Bestellung eines Küchengartens. Mitau 1805.

Derselbe: Anbau der Kartoffel; in: Oekonom.
Repertor. für Livland. I. 2. p. 191 — 198; II. 2.
p. 455 — 458; II. 3. p. 744 — 747.

Derselbe: Allgemeine Bemerkungen über die
Anpflanzung von Lustgebüschen; in: Beilag. zur
allgem. Deutsch. Zeitung für Russland. Mitau 1826.
No. 28, 34, 40, 43, 47, 51; 1827. No. 1, 11, 14,
15, 19, 23, 30, 37, 43, 53.

Bernh. Heinr. von Toll: Guter Rath für den
Landmann, um seine Aernten ansehnlich zu vermehren. Reval 1810.

Derselbe: Zuverlässige, auf 30jährige Erfahrung

gegründete Anleitung zum sichern Anbau der deutschen Gerste. Reval 1819.

Joh. Christ. Wolter: Resultat vieljähriger Erfahrungen in Anschung des Legens, Behäufelns und Aerndtens der Kartoffeln; in: Beilage zur allgem. deutsch. Zeitung für Russland. Mitau 1829. No. 16 und 22.

S. Uschakow und N. Ossipowitsch Всеобщій садовникъ. С. Петерб. 1812 — 1822. 4 part. (vidi).

Heinr. Georg von Jannau Einige Bemerkungen über den Flachsbau; in: Neueres ökonom. Repertor. für Livland. II. p. 37 — 43.

Gust. Reinh. Georg von Rennenkampf: Ueber das Fioringras und den Anbau desselben, aus dem Dänischen des Herrn de Coning; in Neueres ökonom. Repert. für Livland. V. 4. p. 456 — 481; VI. 4. 401 — 412.

Graf Jakob Johann Sievers: Nachricht von der Vermehrung der Erdäpfel in dem Nowgorodschen Gouvernement; in: Abhandlungen der freien ökonom. Gesellsch. zu St. Petersb. V. No. X.

Otto Friedr. Rosenberger: Anleitung, die Fruchtbäume durch das Kopuliren zu veredlen. Königsb. 1808.

Gottl. Sam. Golike Ueber den Flachsbau; in: Neueres ökonomisches Repert. für Livland. V. 1. p. 3 — 23.

Derselbe: Wie würde die Anzucht der Fruchtbäume in Livland etc. zur grössern Vollkommenheit zu bringen sein?; l. c. V. 2. p. 193 — 208.

Derselbe: Ein Versuch, den Roggen frühe zu säen; l. c. V. 2. p. 260 — 265.

Руководство къ разведенію и улучшенію плодовыхъ деревъ. Перев. съ нѣмецк. и изд. Министромъ внутреннихъ дѣлъ. С. Петерб. 1824. (vidi).

Wassili Lewschin: Цвѣтоводство подробное или Флора руская. Москва 1828. 2 част. (vidi).

Новый совершенный садовникъ, цвѣтоводецъ и огородникъ. Москв. 1828. 2 част. (vidi).

Руководство къ содержанію, размноженію и произведенію новыхъ сортовъ Розъ. Як. Репдера. Перев. съ нѣмецк. Москва 1831. (vidi).

Baron Alex. von Bode: Руководство къ виноградному садоводству etc. С. Петерб. 1833. (vidi).

Fr. Faldermann: Ueber die Vermehrung der Cycadeen aus den Schuppen ihrer bereits abgestorbenen Stämme; in: Verhandl. des Vereins zur Beförd. des Gartenbaus. III. p. 312 — 316. (vidi).

J. F. L. Schmalz: Ueber den Anbau und die Benutzung der Kartoffeln; in: K. C. G. **Sturms** Jahrb. der Thüring. Landwirthsch. Bd. 2. Heft 1. No. 3. (1808).

Derselbe: Erfahrungen über den Anbau des

Mays; in: Archiv der deutschen Landwirthsch. III. p. 210 — 232.

Derselbe: Ueber den Kartoffelbau; in: Livl. Jahrb. der Landwirthsch. V. 2. p. 221 — 244.

Derselbe lieferte mehrere hieher gehörige Abhandlungen, welche in der zu St. Petersburg erscheinenden: Земледѣльческая газета abgedruckt sind.

J. H. Zigra: Anweisung zur Kultur aller Küchengewächse und der vorzüglichsten Küchenkräuter etc., geschrieben für das Klima Kur- Liv- und Esthlands. Riga 1800. In's Lettische übersetzt von K. H. Precht. Riga 1806.

Derselbe: Der Baumgärtner oder ausführliche Anweisung zur Obstbaumzucht für das nördliche Klima. Riga 1803. Neue Ausgabe unter dem Titel: Der nordische Baumgärtner oder vollständige Anweisung zur Obstbaumzucht. Riga 1820. In's Lettische übersetzt von M. Stobbe. Riga 1803. In's Russische übersetzt von Lysarch gen. Königk: Подробное руководство къ заведенію плодовыхъ деревъ для нашего сѣвернаго климата. Миттав. 1803.

Derselbe: Der nordische Blumengärtner. Riga 1806. In's Russische übersetzt (von Paul von Schwartz): Сѣверный цвѣтпый садовникъ. Москв. 1816.

Derselbe: Oekonomisch- praktisches Handbuch über Gemüse-, Hopfenbau und Kultur der Ananas,

nebst einem kurzen deutlichen Unterricht der Pfir-
sich-, Kirschen-, Pflaumen-, Wein- und Mistbeet-
Treibereien, wie auch einer allgemeinen Uebersicht der monatlichen Geschäfte in allen Theilen
der Gartenkunst, bearbeitet für's Russische Reich.
Riga 1808. Hievon 2te Auflage unter dem Titel:
Oekonomisch- praktisches Handbuch der Gartenkunst. Riga 1816. In's Russische übersetzt (von
P. von Schwartz): Экономическая ручная книга
садоводства о содержаніи огородныхъ растѣній,
парниковъ, хмѣльниковъ и ананасныхъ теплицъ
etc. Москв. 1818.

Derselbe: Nordischer Blumenfreund oder etc.
Riga 1824. In's Russische übersetzt (von G. B.
S. G. Lysarch, gen. Königk): Сѣверный любитель
цвѣтовъ или собраніе всего достопримѣчатель-
наго въ разведеніи любимыхъ украшеніемъ въ
садахъ, а также въ попеченіи объ оныхъ и какъ
съ ними поступать во всѣ времена года. С. Пе-
тербъ. 1825.

Derselbe: Oekonomisch- praktisches Handbuch
über die zweckmässige Erziehung von Gemüse-
Arten etc. Riga 1835.

XVI. *Schriften, welche über die Anfangsgründe der Botanik handeln.*

Anton Sneberg: Catalogus plantarum latino-
germanico-polonicus. Cracov. 1557.

Andreas Arvidi: Disputatio de plantis (prac‑side Joh. Erici). Dorpati 1647.

David Gorter: Elementa botanica.

Kiriak Kondratowitsch: Дикціонеръ или Реченіяръ о разныхъ пропзращеніяхъ, то есть древахъ, травахъ etc. С. Петерб. 1780. (vidi).

Andreas Meyer: Ботаническои подробной словарь, или Травникъ. Москва 1781 — 1783. 3 част. (vidi).

Friedr. Reinh. Brander: Kort Begrepp af Natural‑Historien etc. 1785.

Basilius Sujew: Handbuch der Naturgeschichte für Normalschulen. 2 Bde. 1786 (ist wohl nur russisch erschienen).

Wassil Severgin: Начальныя основанія естественной исторіп. С. Петерб. 1794. 3 част. (vidi).

Словарь ботаническій тщаніемъ и иждиве‑ніемъ вольнаго экономическаго общества изд. 1795 года. Въ градѣ Св. Петра; mit dem 2ten Titel: Botanisches Wörterbuch, veranstaltet und herausgegeben von der freien ökonomischen Gesellschaft im Jahre 1795. St. Petersb. (vidi).

Nestor Maximowitsch Ambodik: Первоначальныя основанія ботаники, руководствующія къ познанію растѣній. С. Петерб. 1796. 2 част. (vidi).

Derselbe: Novum Dictionarium botanicum rosso‑latino‑germanicum. Petrop. 1808; mit dem zweiten

Titel: Новый ботаническій словарь на россійскомъ, латинскомъ и нѣмецкомъ языкахъ. С. Петерб. 1808. (vidi).

B. Sokolow: Словарь исторіи естественной: царства животныхъ, растеній и ископаемыхъ, на латинск. и россійск. языкахъ. Москв. 1801. (vidi).

F. W. Londes: Grundriss zu Vorlesungen über Forst- und ökonomische Botanik. Gött. 1802.

Paul Czenpinsky: Botanika dla Szkol narodowych. Warszov 1785.

David Hieronym. Grindel Fasslich dargestellte Anleitung zur Pflanzenkenntniss. Riga 1804. (vidi).

Derselbe: Pharmaceutische Botanik zum Selbstunterricht. Riga 1802. (2te Auflage. Riga 1805) (vidi).

Derselbe Ansichten der Natur. Mitau 1817.

T. Smelowsky: Философія ботаники Линнел. Перев. С. Петерб. 1800.

Joh. Dwigubsky: Начальныя основанія ботаники. Москв. 1805. (vidi).

Derselbe: Начальныя основанія естественной исторіи растеній. Часть I. Москва 1823.

Начальныя основанія ботаническои философіи изд. главнымъ правленіемъ училищъ. С. Петерб. 1809.

F. E. L. von Fischer: Methodum novam, plantas describendi proponit; in: Comment. Soc. physico- medic.. Mosq. I. p. 49 — 56. (vidi).

Iwan Pogankow: Руководство къ ботаникѣ, выбранн. изъ ботаники Вильденова и твореній Сукова Мельхіоромъ Вюльфингомъ. На русск. лзыкъ перев. С. Петерб. 1814. (vidi).

I. Petrow: Начальныя основанія ботаники. С. Петерб. 1815. (vidi).

Iwan Martinow: Техно- ботаническій словаръ на латинскомъ и россійскомъ лзыкахъ. С. Петерб. 1820. (vidi).

Derselbe: Словаръ родовыхъ именъ растеній, съ переводомъ на россійскій языкъ. С. Петерб. 1826. (vidi).

Michael Maximowitsch: Основанія ботаники. Часть I. Москв. 1828. (vidi).

О ботаническихъ прогулкахъ за городъ и о травникахъ (изъ соч. Поаре); in: Двигубск. Нов. Магаз. естеств. истор. 1826. VII. p. 139 — 164. (vidi).

О свойствахъ и о пользѣ растеній. (Соч. Поаре); l. c. 1826. III. p. 197 — 208; IV. p. 281 — 294. (vidi).

Iwan Reipolsky: Ботаника Вилльденова. Перев. Москв. 1819. (2te Ausgabe 1824). (vidi).

Kalm und Widenius Sciagraphia studii botanici. Abo 1821.

Paul Horaninow: Начальныя основанія ботаники. С. Петерб. 1827. (vidi).

Weiss: Основанія ботаники п Физіологіи растеній. Соч. А. Ришара. Перев. Москва. 1835. (vidi).

Joh. Schychowsky: О собираніи произведеній царства растительнаго. (vidi — aus einem andern Werke besonders abgedruckt).

Derselbe Руководство къ изученію ботаники, соч. Альфонса Декандолля. Перев. съ Француск. Москва. (wisd nächstens erscheinen).

XVII. *Schriften über botanische Systematik.*

Jakob Heinrich Flachsenius Dissertatio grad. de regno vegetabili in genere. Aboae 1656. (hujus loci?).

J. C. Buxbaum: De plantis submarinis observationes; in: Comment. Acad. Sc. Petrop. IV. p. 279 — 281. (vidi).

Joh. Georg Siegesbeck: Botanosophiae verioris brevis sciagraphia etc. Accedit Epicrisis in clar. Linnaei systema plantarum sexuale. Petrop. 1737. (vidi).

Derselbe: Vaniloquentiae botanicae specimen, a M. Joh. Gottl. Gleditsch in consideratione Epicriseos Siegesbeckianae in scripta botanica Linnaei, pro rite obtinendo sexualistae titulo, nuper evulgatum, jure vero retorsionis refutatum et elusum. Petrop. 1741. (vidi).

Johann Browall: Examen Epicriseos in systema plantarum sexuale cl. Linnaei, anno 1737 Petropoli evulgatae, auct. Jo. Georg. Siegesbeck. Aboae 1739.

Benedikt Björnlund und Chr. Stan. Grümbke: Dissertatio botanica sistens fundamentum differentiae specificae plantarum verum et falsum. Gryphiswald. 1761.

Andreas Dahl: Observationes botanicae circa systema vegetabilium divi a Linné. Havniae 1787. (vidi).

Wladimir Ismailow: Руссовы письма о ботаникѣ, перев. Москва 1810.

F. E. L. von Fischer: Beitrag zur botanischen Systematik, die Existenz der Monokotyledonen und Polykotyledonen betreffend. Zürich 1812. (vidi).

Derselbe: Ueber natürliche Anordnung; in: Webers und Mohrs Beiträgen zur Naturkunde Bd. 1. p. 79 seqq.

Iwan Martinow: Три ботаника, или сокращеніе системъ Турнефорта, Линнея и Жюсьё etc. Выбранное изъ иностр. писател. С. Петерб. 1821. (vidi).

Michael Maximowitsch: О системахъ растительнаго царства. Москва 1827. (vidi).

Derselbe: Систематика растеній. Основанія ботаники книга вторая. Москва 1831. (vidi).

Derselbe: Нѣчто о естественной системѣ растительнаго царства аналитической; in:

Двигубск. Нов. Магаз. естеств. истор. 1825. p. 3 — 26.

Paul Horaninow: Primae lineae systematis naturae. Petrop. 1834. (vidi).

Carl Bernh. von Trinius: Genera plantarum ad familias suas redacta. Petrop. 1835. (vidi).

Alex. von Peroffsky Observations sur les rapports des Bananiers avec les Palmiers; in: Mém. de la Soc. des Natural. de Mosc. 1. p. 16—19 (edit. prim. p. 29). (vidi).

XVIII. *Schriften, welche über den Nutzen der Botanik handeln.*

Johann Browall: Tankar öfver Historiae naturalis Nytta vid Ungdomes upfostering och undervisnig. Stockh. 1737.

Derselbe: Discursus de introducenda in scholas et gymnasia Historiae Naturalis lectione. Lugd. Batav. 1737.

Matheus Aphonin (aus Moskau): Dissert. academ. demonstrans usum historiae naturalis in vita communi. Upsal. 1766. (vidi).

Gustav Otto Andreas Graf von Igelström: Von dem Einflusse des Studiums der Naturgeschichte auf Staatskenntniss und bürgerliche Glückseligkeit. Leipz. 1793.

Graf Butturlin: Discours sur l'utilité et les agrémens de l'étude de l'histoire naturelle; in:

Mém. de la Soc. des Natural. de Mosc. II. p. 198 — 211. (vidi).

A. Karpinski: Два письма Кассини о предметѣ ботаники и пользѣ познанія ея. С. Петерб. 1836. (vidi).

XIX. *Schriften, welche über Geschichte der Botanik handeln.*

Adamski: Prodromus historiae rei herbariae in Polonia a suis initiis ad nostra tempora. Wratisl. 1825.

Carl Bernhard von Trinius: Ueber den gegenwärtigen Standpunkt der Naturforschung. St. Petersb. 1829.

Französisch in: Recueil des actes de la séance publique de l'Acad. d. sc. de St. Pétersb. tenue le 29. déc. 1828. St. Pétersb. 1829. p. 81 — 111.

J. Th. Buhle: Sur les ouvrages, qui nous restent des Grecs sur l'histoire naturelle; in: Mém. de la Soc. des Natural. de Mosc. I. p. 229 — 246. (edit. prim. p. 260). (vidi).

K. Ed. Eichwald: Introductio in historiam naturalem maris caspici. Casan. 1823. (hujus loci?)

Joh. Herm. Zigra: Kurzer historischer Ueberblick der Fortschritte in der Gartenkunst in Riga; in: Ockonom. Repertor. für Livland. VI. 2. p. 599 — 611.

K. E. von Bär: Blick auf die Entwickelung der Wissenschaft.; in: Recueil des Actes de la Séance publique de l'Académ. des Sc. de St. Pétersb. tenue le 29. déc. 1835. St. Pétersb. 1836. p. 51 — 128. (vidi).

H. G. von Bongard: Esquisse historique des travaux sur la botanique entrepris en Russie; in: Recueil des Actes de la Séance publique de l'Académ. des Sc. de St. Pétersb. — St. Pétersb. 1835. (vidi).

Gottfr. Alb. Germann: Ueber Pflanzenlieb-haberei in Russland; in: Regensb. botan. Zeitung für d. Jahr 1805.

Petri Simonis Pallas literae autographae; in: Mém. de la Soc. des Natural. de Mosc. VII. p. 1 — 11. (vidi).

Краткое обозрѣніе важнѣйшихъ открытій въ естественныхъ наукахъ въ теченіе послѣдней половины прошлаго 1825 года и первой половины текущаго 182; года; in: Двигубск. Нов. Магаз. естеств. истор. 1826. XII. (vidi).

Жизнь Московскаго Профессора ботаники Гофмана; in: Нов. Магаз. естеств. истор. 1826. IV. p. 238 — 256. (vidi).

Ueber Karl Ludw. Goldbach vergl.: Flora 1824. I. p. 380.

Уставъ россійскаго общества любителей садоводства. Москв. 1836. (vidi).

XX. *Periodische Schriften, welche auch über Botanik handeln.*

Commentarii Academiae Scientiarum Imperialis Petropolitanae. t. I—XIV. (1726—1746). Petrop. 1728—1751. (vidi).

Novi Commentarii Academiae Scientiarum Imperialis Petropolitane. t. I—XX. (1747—1775). Petrop. 1750—1776. (vidi).

Acta Academiae Scientiarum Imperialis Petropolitanae. t. I—XX. (1777—1782). Petrop. 1778—1786. (vidi).

Nova Acta Academiae Scientiarum Imperialis Petropolitanae. t. I—XV. (1783—1799). Petrop. 1787—1802. (vidi).

Mémoires de l'Académie Impériale des Sciences de St. Pétersbourg. t. I—X. (1803—1822). St. Pétersb. (vidi).

Mémoires de l'Académie Impériale des Sciences de St. Pétersb. Sixième Série.

Recueil des Actes de la Séance publique de l'Académie Impériale des Sciences de St. Pétersbourg pour 1834 et 1835. St. Pétersb. 1835—1836. 2 tomes. (vidi).

Paul von Fuss: Bulletin scientifique publié par l'Académie Impériale des Sciences de Saint-Pétersbourg. St. Pétersb. 1836 et 1837. 2 tomes. (vidi).

Лѣсной журналъ, издав. обществомъ для поощренія лѣснаго хозяйства. С. Петерб. 1833 — 1835. (vidi).

Земледѣльческій журналъ, издав. Императорскимъ Московскимъ обществомъ сельскаго хозяйства. Москва 1821 — 1825. (vidi).

David Hieronymus Grindel: Russisches Jahrbuch der Pharmacie. 1—6ter Bd. Riga 1803—1808.

Derselbe: Medicinisch- pharmaceutische Blätter. 1 — 4ter Jahrg. Riga 1819 — 1822.

Alex. Nik. von Scherer: Allgemeine nordische Annalen der Chemie. 1 — 8ter Bd. St. Petersb. 1819 — 1822.

Derselbe: Nordische Blätter für die Chemie. 1ter Bd. 1 — 4tes Heft. Halle. 1817 — 1818.

Joh. Christoph Kaffka: Nordisches Archiv vom Jahre 1803 — 1809. Riga.

Pander: Beiträge zur Naturkunde aus den Ostseeprovinzen Russlands. Dorpat. 1820. 1tes Heft.

Andreas von Löwis: Neueres ökonomisches Repertorium für Livland. 9 Bde. Riga und Dorpat 1812—1823, und ein Ergänzungsheft. Dorpat 1823.

Derselbe: Livländische Jahrbücher der Landwirthschaft. Dorpat 1825 — 1832. 2 Bände.

Ernst Christ. von Trautvetter: Die Quatember. 2 Bde. Mitau 1829 — 1830.

Iwan Dwigubski Новый Магазинъ естественной исторіи, физики, химіи и свѣденій экономическихъ. Москва 1825 — 1826. (vidi).

Nikolaus Schtscheglow: Указатель открытій по физикѣ, химіи, естественной исторіи и Технологіи. С. Петерб. 1824.

Ученыя записки Императорскаго Московскаго Университета. 1833 — 1834. (12 Hefte).

Peter Simon Pallas: Neue nordische Beiträge zur physikalischen und geographischen Erd- und Völkerbeschreibung, Naturgeschichte und Oekonomie. St. Petersb. 1781 — 1793. 6 Bde. Die beiden letzten Bände führen auch den Titel: Neueste nordische Beiträge etc. (vidi).

Mémoires de la Société Impériale des Naturalistes de Moscou. t. I — X. 1806 — 1836. (vidi).

Bulletin de la Société Impériale des Naturalistes de Moscou. t. I — IX. 1829 — 1836. (vidi).

Jahresverhandlungen der kurländischen Gesellschaft für Literatur und Kunst.

Pamietnik farmaceutyzny Wilenski. Wilno. 1820 — 1821.

Dziennik Medycyny, Chirurgii, Farmacyi przez Cesarskie Towarzystwe lekarskie w Wilnie wydawano. Wilno 1820 — 1821.

Commentatio Societatis physico-medicae. Mosquae. 1808 — 1817. II tom. (vidi).

ZUSÄTZE.

Andreas Collin: Specimen academicum sistens fata botanica in Finnlandia. Aboae 1758. (vidi).

J. M. G. Beseke: Versuch einer Geschichte der Naturgeschichte. 1ter Theil. Mitau 1802.

G. F. Hoffmann: Oratio de fatis et progressibus rei herbariae, imprimis in imperio rutheno. Mosq. 1824. (vidi).

Fète seculaire de Charles de Linné, célébrée par la Soc. des Natur. de Mosc. le $\frac{24}{12}$ Juin 1835. Mosc. 1835. (vidi).

Beechey: Reise nach dem Stillen Ocean. Berlin. 2 Bde.

Humboldt, Ehrenberg und Rose: Reise nach dem Ural, dem Altai und dem Kaspischen Meere. Berlin. 1837. 1ter Band.

F. v. Gebler: Uebersicht des Katunischen Gebirges, der höchsten Spitze des Russischen Altai (mit 1 Karte); in: Mém. presentés à l'Acad. Imp. des Sc. de St. Pétersb. par div. Savants. tome III.

E. R. v. Trautvetter: Salicetum sive Salicum formae, quae hucusque innotuere. Fasc. I. (mit 4 Tafeln); l. c. tome III. (vidi). — Auch besonders abgedruckt.

J. Fritzsche: Ueber den Pollen (mit 13 Tafeln); l. c. tome III. (vidi). — Auch besonders abgedruckt.

C. A. Meyer: Ueber einige Hymenobrychis-Arten; l. c. tome III. (vidi).

St. Kutorga: Organische Ueberreste aus der Sandsteinformation Perms. (Wird gegenwärtig gedruckt).

J. Sembnitzki: Общее обозрѣніе окаменѣлостей; in: Горн. Журн. 1825. Книжка IV.

A. Kowanko: Общій взглядъ на окаменѣлости; in: Горн. Журн. 1830. Книжка VIII.

A. Karpinski: О втекахъ и моховикахъ, соч. Броньяра; in: Горн. Журн. 1829. Книжка XII.

Raspail: Произходятъли иногда древовидныя изображенія халцедоновъ и моховиковъ отъ присутствія ископаемыхъ конфервъ; in: Горн. Журн. 1830. Книжка XI.

Walch: Каменное царство. Перев. А. Нартовъ. С. Петерб. 1784.

Buckland und Pentland: Объ ископаемыхъ остаткахъ органическихъ тѣлъ, найденныхъ въ Бирманскомъ Королевствѣ и въ Бенгалѣ. Перев. А. Ободовскій. С. Петерб. 1831.

Severgin: Опытъ минералогическаго описанія Россійскаго Государства. С. Петерб. 1809.

Kowalewski: Геогностическое обозрѣніе

Донскаго горнаго кряжа; in: Горн. Журн. 1829. Книжк. I, II и III.

G. Fischer de Waldheim: Notice sur les végétaux fossiles du Gouvernement de Moscou. Mosc. 1824.

Derselbe: Oryctographie du gouvernement de Moscou. Mosc. 1830. (vidi).

Verzeichniss der Reisenden, Schriftsteller u. s. w.

Adam 64.

Adams, M. F. 17, 27, 60, 86.

Adamski 128.

Adlerstam, J. Patric. 78.

Aejmeläus, Chr. 84.

Akademie, Kais. der Wissensch. zu St. Petersb. 8, 17, 20, 24, 25, 26 (bis), 28, 31, 48, 49, 129, 130 (sex.)

Akademie, medik.-chirurg. zu Moskau 48.

Akademie, medik.-chirurg. zu Petersb. 15.

Ambodik, N. 111, 122 (bis)

Amman, J. 10 (bis), 35, 55, 81 (pluries), 100.

Andrzeijowski, A. 34.

Aphonin, M. 127.

Arnott, G. A. W. 8, 61.

Arvidi, A. 122.

Ascholin, K. 82.

Baer, K. E. v. 24 (bis), 48, 49, 128.

Banks, J. 47.

Bardanes 13.

Beechey, F. W. 8 (bis), 61, cf. Addit.

Behrens, R. v. 16, 82, 112 (ter.).

Behring, V. 12.

Beilschmidt, L. T. 96.

Belanger, K. 32, 33, 65

Beljawski, F. 23.

Bentham, G. 6.

Berg, B. 99.

Berghaus 21.

Berniz, M. B. v. 94.

Beseke, J. M. G. 103, cf. Addit.

Besser, W. S. J. G. 34, 54, 66 (quinquies), 90 (sexies), 98 (bis).

Bieberstein, Fr. A. Marschall v. 27 (bis), 28 (pluries), 29, 38, 63 (ter), 64, 88 (ter).

Bielke, St. K. 42.

Billings 16.

Björnlund, B. 126.

Blandow, M. 52.

Blum 59.

Blumentrost 10.

Bode, A. v. 119.

Boeber, J. v. 37.

Boyé, G. 7.

Bongard, H. G. v 2, 7, 40, 46, 48, 62, 78, 79 (ter), 129.

Bory de Saint Vincent 52, 65.

Bosc 105.

Brander, K. R. 82, 122.

Brandt, J. F. 93, 114 (bis).

Bray, Graf v. 45, 73 (bis).

Brincken, J. v. d. 115 (bis).

Brinkin 5.

Brodin, L. 79.

Browallius, J. 42 (bis), 71, 80, 123, 127 (bis).

Brunner, S. 40, 41.

Buckland cf. Additam.

Buck 53, 98.

Buelffinger, G. B. 100 (ter).

Buesching, A. Fr. 35.

Buhle, J. Th. 128.

Bunge, A. v. 6, 20, 21, 41, 45, 53, 61 (bis), 78 (bis), 90, 113.

Burgsdorf 116.

Butturlin, Graf 127.

Buxbaum, J. Chr. 25, 42,

47, 63, 71, 75, 80 (quinquies), 100, 125.

Candolle, P. de 30.

Candolle, Alph. de 125.

Cassini 128.

Castera, J. 16.

Chamisso, A. v. 6 (bis), 8, 17, 21, 60 (bis).

Cibot, P, 84.

Claus, C. 89, 110.

Collie, A. 8.

Collin, A. cf. Addit.

Compère 41.

Coning, de 118.

Cook, J. 4, 5.

Corps, Berg- 23.

Cruse, Fr. W. 78, 93, 101 (bis).

Czenpinsky, P. 123.

Dahl, A. 76 (bis), 126.

Dechiseaux 93.

Defrance 99.

Demidoff 52.

Demidoff, Prok. 52.

Derschau, E. v. 71.

Döllinger, Th. 33.

Drümpelmann, E. W 45, 72.

Dubois 50.

Dwigubski, J. 38, 70 (bis), 85 (bis), 123 (bis), 131.

Ehrenberg, C. G. 21, cf. Additam.

Eichwald, E. 30, 31, 34, 35, 65, 67, 70, 128.
Elfwing, P. 79.
Engelmann 54.
Ennes, K. J. 75.
Erdmann, J. Fr. 18, 38.
Erdmann, A. 8, 21, 61, 111.
Ernd el, Ch. H. 34, 47, 66, 75.
Eschscholtz, J. Fr. 6 (bis), 7, 78.
Eversmann, E. 18 (bis), 39 (bis).
Eyries 6.
Faldermann, Fr. 119.
Falk, J. P. 13 (pluries), 14 (bis).
Fellmann, J. 46, 74, 75.
Ferber, J. J. 44, 72, 103, 115.
Ferussac 55.
Fischer, F. E. L. v. 5, 18, 32, 33, 41, 50, 51, 56, 60, 87 (pluries), 88 (quater), 96 (pluries), 103 (ter), 123, 126 (bis).
Fischer, J. B. 44, 72, 117.
Fischer von Waldheim, Al. 53, 103.
Fischer von Waldheim, G. 96, 107, cf. Additam.
Flachsenius, J. H. 125.
Fleischer, J. G. 45, 73, 76.
Fokel 114.
Forster, G. 4, 5 (bis), 76 (quater), 77, 85.
Forster, J. R. 4.
Fortunatow 46, 75.
Freyreiss 48.
Friebe, W. Chr. 45, 72.
Friedenberger 21.
Fritzsche, J. 105 (bis), 109, cf. Additam.
Fuchs, C. 15, 16.
Fuss, P. v. 49, 130.
Gadd, P. A. 42.
Gaertner, J. 82, 102.
Gaerten 51 — 51.
Garten, Kais. bot. zu St. Petersb. 9, 21, 23 (pluries), 31, 52, 37, 46, 48, 51.
Gebler, F. v. 21, 22, 62, 98, cf. Additam.
Georgi, J. G. 2, 13 (bis), 14, 15 (bis), 16 (bis), 26, 37, 55, 106 (quinquies).
Gerber, Traug. 55, 67 (quater), 100.
Germann, G. A. 44, 87, 95 (bis), 129.
Gesellschaft, Kais. der Naturf. zu Moskau 48, 50 (bis).
Gesellschaften 49 — 50.
Giese, J. E. F. 107 (pluries).
Gilibert, J. E. 34, 66 (ter).

Gingins 6, 89.
Glaser, F. R. v. 113.
Glocke, G. J. 114.
Gluckenberger 68.
Gmelin, J. G. 10 (bis), 11
  (pluries), 55, 57, 62, 101,
  106, 110 (bis).
Gmelin, S. G. 11, 25, 26,
  27 (pluries), 57, 83 (ter),
  111 (bis).
Gniditsch, P. 103.
Goebel, Fr. v. 29 (bis), 109
  (pluries), 110 (pluries),
  114.
Goldbach, J. 40, 103.
Goldbach, C. L. 69, 93 (bis),
  129.
Golike, G. S. 118, 119 (bis).
Golowkin 17.
Golowin, W. 103.
Gorski 35, 52.
Gorter, D. v. 43 (bis), 47,
  71, 76 (bis), 122.
Granlund, W. 43, 71.
Grieve, J. 58.
Grindel, D. H. 44. 72, 104,
  108, 123 (ter), 130, 131.
Groschke, J. G. v. 44, 71,
  111.
Grümbke, Ch. St. 126.
Güldenstädt, J. A. 26, 63,
  84.
Gundelsheimer 24 (bis).

Hablizl, K. L. 27, 36, 68,
  116.
Hagemeister 9.
Halenius, J. 59.
Haller, Alb. v. 1.
Hansen 28.
Hantwig, G. Ch. v. 111
  (bis).
Hartwall 74.
Hartwiss, N. v. 54·
Hase, Ch. H. 44.
Hasselquist 79.
Haupt 18.
Hebenstreit, J. Chr. 82 (ter),
  115.
Heinzelmann, J. G. 10, 57,
  67.
Hellenius, C. N. 94.
Helm, F. G. 17, 60.
Henning, J. 40, 69, 98.
Hermann, J. Ch. G. 38, 85.
Hertel, J. G. 100.
Hiltebrandt, F. 85.
Himsel, N. v. 111.
Hoefft, F. M. S. V. 40, 69.
Hoffmann, G. Fr. 2, 28, 48,
  50, 64 (bis), 77 (pluries),
  86 (pluries), 95 (pluries),
  112 (ter), 129, cf. Addit.
Hohenacker, R. Fr. 33, 64.
Hollberg, Es. 47, 76.
Hooker, W. J. 8, 61.
Hoppe, D. A. 44.

Hoppner 6.
Horaninow, P. 114, 124, 127.
Humboldt, A. v. 21, cf. Addit.
Hupel, A. W. 44, 72.
Jannau, H. G. v. 118.
Jaubert, A. 18.
Jefferys, J. 58.
Igelström, G. O. A. Graf. v. 127.
Ilisch, S. F. 108 (quater).
John, J. F. 108.
Ismailow, W. 126.
Jundzil, B. S. 34, 66.
Justander, J. G. 43, 71.
Kaffka, 16, 131.
Kagell, J. D. 107.
Kaiserlingk, v. 126.
Kaleniczenkow, J. 32, 57.
Kalm 124.
Kalm, P. 42, 47, 71, 76, 80.
Kanzeley, Medic. zu St. Petersb. 35 (bis), 49.
Karamyschew, Al. v. 59.
Karelin, G. v. 23, 41
Karpinsky, A. 99, 128, cf. Additam.
Kastalsky 7 (bis).
Kaulfuss, G. F. 6, 89.
Keyserlingk, E. v. 71.
Kieseritzky, G. W. 32, 113.
Kirejewsk, A. 115.

Kirilow, P. 78.
Klapmeier, F. J. 116.
Klaproth, J. v. 29, 65.
Knieriem, J. M. 113.
Knoeffel, A. 94.
Kobylina, A. 110
Koch, E. 33.
Koechy, Chr. H. G. 114.
Koehler, J. T. 58.
Koelreuter, J. G. 85, 101 (pluries), 102 (pluries).
Koenig, J. G. 47. 77 (ter).
Kondratowitsch, K. 122.
Kotzebue, O. v. 6 (bis), 7, 61.
Kowalewski cf. Additam.
Kowanko, A. cf. Additam.
Krafft, G. W. 101.
Krascheninnikow, St. 11 (bis), 43, 57, 58, 71, 81 (bis).
Krüger von Kriegsheim, Chr. 117.
Krusenstern, A. J. v. 5 (bis).
Kutorga, St. 100, cf. Addit.
Kyber 18.
Lang, A. F. 98.
Langsdorf, G. H. v. 5 (ter). 6, 48 (bis), 60, 87.
Laurell, A. Fr. 82.
Laxmann, E. 15, 16, 44, 59, 60, 85 (bis).
Lay, T. 8.

Leche, J. 42, 48, 75 (bis), 76.

Ledebour, C. F. v. 6, 7, 18, 19 (pluries), 20 (pluries), 29, 31, 32, 33, 38, 39, 56 (bis), 61 (bis), 65, 69, 78, 89 (quater), 97 (quinquies).

Lepechin, Iw. 36, 37, 43, 41, 83 (quinquies), 84 (quater), 94.

Lerche, J. J. 55, 63, 68.

Lessing, Chr. Fr. 6, 22, 32, 62.

Levin, K. 46, 74.

Lewschin, W. 119.

Liboschitz, J. 40, 45, 56 (bis), 73 (bis), 91.

Lieb, J. W. Fr. 111.

Lindemann 45.

Linné, C. v. 1, 35, 42, 47, 81.

Lönnwallius 79.

Löwis, A. v. 45, 50, 73 (bis), 115, 131 (bis).

Londes, F. W. 29, 38, 48, 68, 77, 86, 103, 112 (bis), 123.

Longmite, J. B. 74.

Luce, J. W. v. 45, 72, 104, 115.

Ludwig, Chr. F. 103.

Lütke, Fr. 7 (bis), 8.

Lund J. 52.

Luschnath 48 54.

Lysarch, gen. Königk, G. B. S. G. 120, 121.

Machcewitz, A. J. 108.

Magsig 53.

Main, J. 16.

Martini, A. Ph. 11.

Martinow, J. 124 (bis), 126.

Martius, H. 40, 69.

Maslow 50.

Maximowitsch, M. 40, 70, 104 (bis), 124, 126 (ter).

Merck 16.

Mertens, H. 7 (bis), 61, 62, 89, 103.

Mertens, d. Vat. 7.

Messerschmidt, D. G. 9, 10.

Meyendorff, G. v. 18 (bis).

Meyer, A. 122.

Meyer, C. A. 6, 19, 31 (bis), 32 (pluries), 33, 38, 45, 61, 64, 88 (bis), 89, 90 (bis), 96 (bis), cf. Addit.

Mohr 17.

Mollin, J. 94.

Monkewitz, J. H. 108.

Murawieff, M. 50.

Murray 47.

Mussin Puschkin, Graf 27 (bis).

Nartow, A. cf. Additam.

Nelly, H. 82.

Nelson 5.
Neronow, J. 21.
Nordmann, A. v. 33, 53, 65.
Obodowsky, A. 100, cf. Additam
Ossipowitsch, N. 118.
Ozeretskowski, N. 36, 37, 84, 101.
Pallas, P. S. 2, 10, 11 (bis), 12, 14 (pluries), 15 (plur.), 26 (bis), 27, 36, 57 (bis), 44, 52, 55, 59 (bis), 68 (bis), 82 (bis), 83 (bis), 94 (bis), 116, 129, 131.
Pander 18, 131.
Parrot, J. J. Fr. 29, 30. 49.
Parrot, G. F. 18.
Patrin 15, 59.
Patterson 31.
Pawlow, M. 109.
Pentland cf. Additam.
Pereligin, P. 115.
Peroffsky, A. v. 127.
Peters 9.
Petrow, J. 124.
Peyronée, G. de la 12.
Pflugrad 23.
Pistohlkors, O. Fr. 72.
Pogankow, J. 115, 124.
Poiret 92, 93, 124 (bis).
Postels, A. 7 (bis).
Precht, K. H. 120.

Prescott, J. D. 46.
Pryss, U. 82.
Prytz, L. J. 48, 74.
Radloff, Fr. W. 77.
Raspail, cf. Additam.
Rasumowsky, A. v. 52.
Ratzeburg, J. T. C. 114 (bis).
Ravergie 30.
Recke, v. 50.
Redowski 17, 60, 95 (bis).
Rehmann, J. 113 (bis).
Reider, J. 119.
Reipolski, J. 124.
Rennenkampf, G. R. G. v. 118.
Reuss, F. F. 50, 180.
Richard, A. 125.
Richter, R. 46, 75.
Riedel 48, 54.
Rieder 21, 54.
Rinder 14.
Romanson, H. W. 103.
Romanzoff 60.
Rose 24, cf. Additam.
Rosenberger, O. Fr. 118.
Rousseau 126.
Rudolph, J. H. 16, 17, 59, 84 (ter).
Rytschkow 14.
Rytschkow, N. v. 37.
Rzaczynski, G. 54, 95.
S...., J. B. 58.
Sahlberg 54.

Sahmen, J. J. 117 (bis).
Salessow 17.
Sauer 16.
Schangin, P. 15.
Schangin d. Jüngere 17.
Scheidt 53.
Scherer, A. N. v. 131 (bis).
Schiede 6.
Schiemann, K. Chr. 111.
Schlechtendal, D. v. 6, 60.
Schmalz, J. Fr. L. v. 40, 41, 104, 119 (bis), 120 (bis).
Schober, G. 25, 35, 62, 67, 111.
Schoultz, A. v. 53.
Schranck, v. 35, 67.
Schrenk, A. 46.
Schriften, periodische 129 — 132.
Schtscheglow, N. 45, 74, 113 (ter), 131.
Schtschukin 23.
Schwartz, P. v. 120, 121.
Schychowsky, J. v. 105 (bis), 114, 125 (bis).
Sedakow 23.
Seliwanow 23.
Sembnizky, J. 99, cf. Addit.
Severgin, W. 122, cf. Addit.
Siegesbeck, J. G. 10, 42, 80 (bis), 94, 125 (bis).
Sievers, Graf, J. J. 118.

Sievers, J. 15, 59.
Smelowski, T. 52, 85, 94, 106, 123.
Sneberg, A. 121.
Sobolewski, G. 44, 71 (bis).
Sobolewski, P. v. 49.
Sokolow, B. 123.
Sommer, K. B. 112.
Soubkoff, v. 50.
Sprengel, K. 1.
Staehlin, J. 10a.
Staniukowitsch 7.
Steller, G. W. 11, 12, 58 (pluries), 59 (ter), 110.
Stephan, Fr. 18, 37, 60, 68 (bis), 85, 86, 95.
Steven, Chr. v. 15, 28, 41, 55, 56, 64 (ter), 88, 89, 97.
Stobbe, M. 120.
Succow 124.
Sujef, B. (W.) 14, 37, 54, 122.
Szovits, A. J. 32, 40, 98.
Szubert, M. 51, 99.
Tamlander, Z. 43.
Tauber 17.
Tausch 62.
Tauscher, A. M. 17, 38, 69.
Terjaew 112.
Tilesius, W. G. 5 (bis), 77, 89 (bis).
Tillands, E. 42, 70 (bis).
Timianski 40.

Toll, B. H. v. 117 (bis).
Tournefort, J. P. de 24, 62.
Trautvetter, E. Chr. v. 104, 151.
Trautvetter, E. R. v. 6, 7, 19, 41, 46, 73, 90, 91 (ter), 97, 104, cf. Addit.
Trinius, C. B. v. 7, 19, 45, 48, 56, 73 (bis), 79, 91 (quinquies), 92 (pluries), 127, 128.
Trozky, P. K. 53, 93, 104.
Tschernäjew 35, 52.
Turczaninow 52.
Turczaninow, N. v. 22, 45, 74, 75, 78 (bis).
Unbekannte 93, 95 (bis), 97, 99, 105 (bis), 114 (bis), 115 (bis), 116, 119 (bis), 122, 123, 129 (ter).
Unzendorf, Zeod. v. 65.
Urzedowa, M. 65.
Uschakow, S. 118.
Uspensky, T. 69.
Vietinghoff, Chr. B. v. 28, 96, 117.

Vogel 6.
Vollberg, K. U. F. 113.
Walch, cf. Additam.
Weinmann, J. A. 45, 54, 56 (bis), 74 (quater), 93, 98 (bis), 105.
Weiss 125.
Weygand, J. G. 70, 80 (bis).
Widenius 124.
Wikström 96.
Wilhelms, Chr. 28, 29.
Willdenow 124.
Wlassow 14.
Wolf, Chr. 101.
Wolfgang 35, 66.
Wolter, J. Chr. 117 (ter), 118.
Wormskiold, v. 6.
Wrangel, v. 18 (bis), 23.
Wulfing, M. 124.
Wunderlich 38.
Zigra, J. H. 97, 98 (bis), 105, 120 (quater), 121 (bis), 128.
Ziwolka 23.